高原寒冷地区
堆石坝施工关键技术研究

王伟 杨应军 张春生 蓝祖秀 杨晓箐 著

中国水利水电出版社
www.waterpub.com.cn

内 容 提 要

本书在收集已建、在建的高原寒冷地区堆石坝施工实例资料的基础上，通过分析、比较，有针对性地解决了南水北调西线工程堆石坝施工技术问题，为类似寒冷高海拔地区工程的设计和施工建设提供了技术支撑。本书共 8 章，内容包括：概论，高原寒冷地区对人工及主要施工设备生产率影响因素，高原寒冷地区堆石坝有效施工时段分析，高原寒冷地区堆石坝坝体填筑料开采技术，高原寒冷地区堆石坝坝体填筑强度论证，混凝土面板堆石坝面板防裂技术，沥青混凝土心墙堆石坝沥青心墙施工技术，结论和建议。

本书可供从事堆石坝设计、施工、运行、科研等专业人员阅读参考，也可作为相关领域大专院校师生的参考资料和工程案例读物。

图书在版编目（ＣＩＰ）数据

高原寒冷地区堆石坝施工关键技术研究 ／ 王伟等著
. -- 北京 ： 中国水利水电出版社，2014.8
ISBN 978-7-5170-2470-5

Ⅰ．①高… Ⅱ．①王… Ⅲ．①高原－寒冷地区－堆石坝－工程施工 Ⅳ．①TV641.4

中国版本图书馆CIP数据核字(2014)第210730号

书　　　名	**高原寒冷地区堆石坝施工关键技术研究**
作　　　者	王伟　杨应军　张春生　蓝祖秀　杨晓箐　著
出 版 发 行	中国水利水电出版社 （北京市海淀区玉渊潭南路 1 号 D 座　100038） 网址：www. waterpub. com. cn E - mail：sales@ waterpub. com. cn 电话：(010) 68367658（发行部）
经　　　售	北京科水图书销售中心（零售） 电话：(010) 88383994、63202643、68545874 全国各地新华书店和相关出版物销售网点
排　　　版	中国水利水电出版社微机排版中心
印　　　刷	北京纪元彩艺印刷有限公司
规　　　格	184mm×260mm　16 开本　8.25 印张　196 千字
版　　　次	2014 年 8 月第 1 版　2014 年 8 月第 1 次印刷
印　　　数	0001—1000 册
定　　　价	**36.00 元**

前　言

南水北调西线工程（以下简称西线工程）位于青藏高原东南部，东起松潘草地，西至楚玛尔河口，南临川西高原，北抵阿尼玛卿山，面积近30万 km²。调水河流水量丰沛，人烟稀少，与黄河上游相距较近，可调水范围较大，区内海拔在3500.00m左右。工程从雅砻江干流及支流达曲、泥曲和大渡河支流色曲、杜柯河、玛柯河、克曲7条河流调水。拟建7座水库，14条引水隧洞引水。引水线路总长为325km。线路途经四川省甘孜藏族自治州、色达县、壤塘县、阿坝藏族羌族自治州，青海省班玛县和甘肃省玛曲县境内。7座水库拦河坝中有3座混凝土面板堆石坝、2座沥青心墙坝、1座黏土心墙堆石坝及1座混凝土面板砂砾石坝/混凝土重力坝，坝高为30～192m。由于工程位于高寒缺氧、交通条件差、地质条件十分复杂、气候条件恶劣的高原地区，上述各种坝型均不可避免地遇到许多施工技术难题。如寒冷高海拔地区自然条件对人工及主要施工设备生产率的影响、堆石坝有效的施工时间影响、堆石坝坝体填筑强度影响、堆石坝坝体填筑材料开采和填筑技术、面板堆石坝混凝土面板施工技术及沥青心墙施工技术等均需要进行深入的研究。

本书收集已建和在建的西部高原寒冷地区堆石坝（主要为面板坝和沥青心墙坝）实例资料，并与平原丘陵地区堆石坝施工进行比较分析；向国内外多家工程机械公司、高原工程机械研究所咨询，调查了针对高原寒冷条件研究开发的高原工程机械性能，以及在青藏铁路工程和其他高原工程中的使用情况，结合西线工程具体特点进行研究，多次参加召开的筑坝专家研讨会，对高原寒冷地区堆石坝施工技术问题进行专项讨论和研究；本书吸收了国内外堆石坝施工方面的最新成果，尤其在寒冷条件下面板混凝土及沥青混凝土施工的最新技术。

本书以西线工程为依托，从寒冷高海拔地区自然条件对人工及主要施工设备生产率的影响、堆石坝有效施工时间影响、堆石坝坝体填筑强度影响、堆石坝坝体填筑材料开采和填筑技术、面板堆石坝混凝土面板及沥青心墙施工技术等方面，进行了深入的研究和探讨，为类似寒冷高海拔地区工程的设计和施工建设提供技术支撑。

因时间仓促和水平所限，本书中有疏漏在所难免，敬请读者指正。

作者
2014 年 5 月

目　　录

1 概论

南水北调西线工程（以下简称西线工程）拦河坝主要为混凝土面板堆石坝和沥青心墙堆石坝，本书以西线工程为依托，主要针对高原寒冷地区面板堆石坝和沥青心墙坝施工的关键技术作一论述。

1.1 混凝土面板堆石坝的发展和特点

1.1.1 混凝土面板堆石坝的发展

混凝土面板堆石坝是以堆石或砾石为支撑结构，并在其上游面设置混凝土面板为防渗体的堆石坝，是土石坝的主要坝型之一。该种坝型自19世纪中叶于美国问世以来，以其投资省、工期短、安全性好、施工方便、适应性广等诸多优点，受到国内外坝工界的普遍重视，在世界范围内得到广泛应用。我国自20世纪80年代中期开始用现代技术修筑混凝土面板堆石坝，到目前已经建坝100多座。还有很多面板堆石坝处于设计论证阶段。

1.1.1.1 混凝土面板堆石坝在我国的应用

我国最早修建的混凝土面板堆石坝为贵州省猫跳河二级百花水电站大坝，于1966年建成，采用抛填式筑坝技术，坝高48.7m。1985年开始采用现代筑坝技术修建混凝土面板堆石坝，最早开工建设的是湖北西北口水库混凝土面板堆石坝，坝高95m；最早建成的是辽宁关门山水库混凝土面板堆石坝，坝高58.5m。截至2014年已建和在建的有140多座。其中坝高在70m以上的高坝有60多座，坝高在100m以上的有30多座。已建成的最高混凝土面板堆石坝是湖北省水布垭水电站大坝，坝高233m；拟建的最高混凝土面板堆石坝是新疆大石峡水电站大坝，坝高251m。

随着关门山、西北口等首批混凝土面板堆石坝的建成及水布垭、天生桥一级、三板溪、洪家渡、滩坑、吉林台、紫坪铺、东津、万安溪等第二批混凝土面板堆石坝的建设，在引进、消化、吸收国外先进经验的基础上，混凝土面板堆石坝在我国得到了较快的发展并积累了一定的经验。在混凝土面板堆石坝工程实践中，专业技术人员结合国内具体情况，丰富和完善了混凝土面板堆石坝技术，如无轨滑模、碾压砂浆固坡、缝间塑性填料、面板混凝土配合比、大吨位振动碾、坝体材料等。我国混凝土面板堆石坝的设计和施工技术已日趋成熟，不仅制定了设计导则和施工规范，而且混凝土面板堆石坝安全性、适应性、经济性好的特点在坝工界得到了共识，使混凝土面板堆石坝成为坝工方案比较选择的主要坝型。

1.1.1.2 混凝土面板堆石坝技术的进展

（1）国外混凝土面板堆石坝的进展。

1）坝体基础要求放宽。出现了建在软岩、全风化岩石或砂砾石地基上的面板坝，如智利的圣塔扬那坝，坝高106m。

2）坝体填筑分区标准化、简单化。J.B.库克根据混凝土面板堆石坝建设经验，除对坝体堆石进行详细分区外，对各区堆石料的级配进行相应要求，使筑坝料的料源更广泛，诞生了混凝土面板砂砾石坝。

3）趾板设计得到简化。较传统面板坝，趾板尺寸较小，配筋减少，趾板分缝按施工要求设置。

4）混凝土面板趋薄、配筋趋少。面板厚度从每米0.3＋0.0067H减少到每米0.3＋(0.002～0.0035)H；钢筋配筋量从每排的0.5％减少到水平0.3％，垂直和坝肩附近为0.35％～0.4％。

5）缝的做法简单化。大多数混凝土面板坝面板周边缝省去了中间的橡胶止水带，水平缝不设止水，垂直缝也只设简单止水。

6）堆石填筑和趾、面板混凝土浇筑规范化。堆石填筑一般采用重型振动碾薄层碾压施工；趾、面板混凝土一般采用无轨滑模浇筑施工。

（2）混凝土面板堆石坝的进展。我国混凝土面板堆石坝建设起步虽晚，但起点高，发展快。几十年的建设历程中，在吸收国外先进经验的同时，不断积累实践经验，同时，结合工程实际，进行了大量科学研究和试验工作，在筑坝材料、地基处理、面板混凝土、接缝止水材料、施工导流、结构抗震、施工技术、原型观测等方面取得了丰硕成果，并应用于工程实际，有些已达到国际先进水平，主要表现在下列几个方面。

1）在枢纽布置上充分考虑坝址地形、地质、气象等自然条件。如考虑土石方平衡和利用有效开挖渣料上坝；利用混凝土齿墙改善局部不利地形地质条件，趾板地基可以利用风化岩石和砂卵石覆盖层等。

2）拓宽了筑坝材料的应用范围。除传统的硬岩外，软岩、砂砾石都得到广泛的应用。

3）对趾板布置和地基处理进行了改进。用混凝土防渗墙对砂砾石冲积层作防渗处理，将趾板置于砂砾石上，将混凝土防渗墙与面板连接起来的布置型式；对风化破碎岩层上的趾板，采用向下游延伸的混凝土板以满足渗径要求，并用反滤层覆盖，以防止细料冲蚀。

4）对面板混凝土原材料和配合比进行了系统研究，主要是利用外加剂和掺和料改善常规混凝土的抗裂、抗渗、耐久和施工性能。此外还开发了高强低弹、纤维增强等高性能混凝土，结合施工工艺的改进和严格要求，面板裂缝问题已得到控制。

5）已开发了适应200m级高混凝土面板堆石坝的周边缝止水结构形式及材料，主要结构形式为底部铜止水加表面止水，省去中间PVC止水，表面止水材料包括性能良好的GB和SR柔性表面止水材料、自愈型表面无黏性细粒材料、表面金属及PVC止水片等新材料。

6）设计计算方面，开发了考虑任意滑动面和条块间作用力的稳定分析计算方法和应用程序，并采用了堆石料的非线性强度包线。开发了二维、三维的静力有限元分析程序，可考虑非线性弹性、弹塑性、黏弹塑性本构关系，以及相应的参数试验和反馈分析技术。

7）在施工导流方面，开发了多种导流方式，主要是坝体临时断面挡水度汛及坝面过水度汛两种方式，以适应坝址的各种自然条件。导流度汛须与坝体施工分期相结合，安排好总进度，达到提前蓄水受益的目的。

8）在施工技术方面，开发了无轨滑模浇筑混凝土面板、碾压砂浆加固垫层上游边坡、反渗水的处理、填筑质量的无损伤检测方法、铜止水片的现场加工和异型接头的工厂模压成型、混凝土面板浇筑专用的布料台车等新技术和新工艺。

9）对地震动力分析和实验研究做过大量工作，表明混凝土面板堆石坝具有较好的抗震能力。混凝土面板堆石坝材料的动力特性试验、三维动力反应分析、大型振动台动力模型试验等都具相当水平。

10）在原型观测方面，已开发出成套的变形、应力及渗流的原型观测设备。

1.1.2 混凝土面板堆石坝的特点

混凝土面板堆石坝由于其自身在技术、经济方面的优势，决定了它在安全、经济、施工、运行等方面具有其他坝型所不可代替的潜力。这些优势集中了混凝土面板堆石坝自身的特点，主要包括以下几个方面。

1.1.2.1 面板堆石坝具有良好的适应性

混凝土面板堆石坝对坝址地形地质及各类型的工程条件都有较好的适应性，使其具有广泛的应用领域。在已建成的面板坝中，既有建于峡谷地区的，如澳大利亚的塞沙那坝（Cethana）、水布垭大坝，也有建于宽阔河谷中的，如天生桥一级等；既有建于岩基上的，如万安溪坝，也有建在砂砾石层上的（如柯柯亚坝、智利的圣塔扬那（Santa Juana）坝等）；既可用于新建水库大坝，也可用于老库坝体加高加固；既可用于常规水电站枢纽工程，也可用于抽水蓄能水电站工程等。

1.1.2.2 面板堆石坝具有良好的安全可靠性

混凝土面板坝结构设计上，坝体堆石全部作用在面板下游，水荷载作用于面板，整个堆石体重量及面板上部水重均在抵抗因水荷载作用所引起的水平推力，有利于坝体的稳定。同时，由于堆石具有良好的透水性，坝体堆石几乎不受渗透力的影响。分析已建的面板坝，大多数在设计时不作稳定分析，而是参照已有工程选择坝体坡度，使其低于碾压堆石的内摩擦角。所有这些因素，都使混凝土面板堆石坝具有良好的抗滑稳定性。

坝体堆石本身具有较好的透水性，加之堆石体是具有良好颗粒级配的石渣形成，使坝体堆石料在渗流作用下能保持优良的渗流稳定性。

面板坝沉降变形很小，具有良好的抗震性能。近年来有研究资料表明，坡度为1:1.3～1:1.4的混凝土面板堆石坝能够抵抗强烈地震，而不会发生严重破坏。

1.1.2.3 混凝土面板堆石坝建造简捷、经济

混凝土面板堆石坝结构简单，堆石填筑、面板施工、趾板及其灌浆施工等工序均可独立进行，各工序的相互干扰较少，便于组织机械化施工，施工进度较快。

现代混凝土面板堆石坝，由于结构布置较为紧凑，施工进度较快等因素，在综合经济效益方面具有较为明显的优势。和土质心墙坝比较，由于混凝土面板堆石坝结构断面较小，坝体填筑量可比土质心墙坝节省40％～50％。

1.2 沥青心墙堆石坝的发展和特点

1.2.1 沥青心墙堆石坝的发展

世界上最早在水利工程中使用沥青防渗的国家是美国和德国。1929年在美国建成的

索推里坝（坝高12m），是世界上第一座采用沥青材料防渗的坝。1934年在德国建成的阿梅戈（Amecker）坝（坝高12m），1936年在阿尔及利亚建成的格里布（Ghrida）坝（坝高72m），均采用沥青作为防渗材料。

最早建成的沥青混凝土心墙坝是1949年葡萄牙的瓦勒·多·盖奥（Vale de Caio）坝。20世纪50～60年代欧美国家在沥青技术得到广泛的发展和应用，建成的采用沥青混凝土防渗体的土石坝数量较多。70年代后建成的沥青混凝土作防渗体的土石坝坝高已突破百米大关。例如挪威在1984年和1992年施工的斯特拉迈沥青混凝土心墙坝和Stor-glomvatn沥青混凝土心墙坝分别高达100m和120m。70年代前建成的采用沥青混凝土作防渗体的土石坝多以碾压式沥青混凝土为主，70年代后期土石坝防渗体开始采用浇筑式沥青混凝土，例如1979年伊拉克建成的哈吉塔土石坝（坝高57m），80年代苏联在西伯利亚建成的3座高土石坝均采用浇筑式沥青混凝土作防渗心墙。

在亚洲，水利工程应用沥青技术方面起步较晚，20世纪50年代仅在堤防工程上应用，70年代日本建成了坝高75m的深山沥青混凝土心墙坝和中国香港建成坝高105m的高岛沥青混凝土心墙坝。70年代在我国东北和西北地区开始采用沥青作为筑坝防渗材料修建沥青混凝土心墙坝。1973年建成的吉林省白河水电站大坝（坝高24.5m）和1974年建成的甘肃省党河水库大坝是我国最早建成的沥青混凝土做防渗体的土石坝。接着在辽宁省、北京市、河北省、黑龙江省、云南省、陕西省、浙江省、湖北省等相继采用沥青混凝土作为水工建筑物防渗材料。目前建成和正在施工的工程已近百项。其中已建成或正在施工和设计的土石坝防渗体采用浇筑式沥青混凝土心墙的有十几座，多数都在我国北方地区。

1.2.2　我国沥青混凝土防渗墙发展现状

我国在堆石坝工程中，从20世纪70年代陆续建成了吉林白河、辽宁郭台子、河北抄道沟、吉林三家子等浇筑式沥青混凝土心墙和斜墙坝以及坝高85m的陕西省石砭峪碾压式沥青混凝土料墙堆石坝。到了80年代采用沥青混凝土防渗结构的坝发展较快，例如1980年建成的北京杨家台坝、1981年建成的河北二道湾坝、1982年建成的四川新丰坝和1985年建成的辽宁省大连市碧流河坝等10余座。但大都为中、低坝（低坝居多），且以浇筑式沥青混凝土心墙居多。进入90年代，由于碾压式沥青混凝土可以全面采用机械化施工，施工速度快，因此发展较为迅速，并已向高坝发展。正在设计施工和已施工完成的，超过100m的高坝已有数座。我国1997年开始建设的三峡水利枢纽工程草坪溪副坝，最大坝高104m（心墙高94m）。80年代中至90年代末，我国已建设完成的浙江珊溪坝，最大坝高146m，四川的冶勒坝，最大坝高125.5m。

总之，我国与国外相比，沥青防渗体在土石坝中的应用，虽然晚了20年左右时间，但在近20年内，水工沥青防渗技术已得到较快发展。初步统计，全国各地已建和正在施工及设计的采用沥青做防渗的土石坝、砌石坝、船闸、过水土石坝、混凝土坝防渗加固、水库护坡护岸、水池渠道衬砌等工程项目已达百余项。

1.2.3　沥青混凝土防渗墙的分类和特点

1.2.3.1　按结构分类

沥青混凝土防渗墙从结构上大体可分为两类。

（1）沥青混凝土斜墙，包括防渗面板。

（2）沥青混凝土心墙。

1.2.3.2 按施工方法分类

沥青混凝土防渗墙从施工方法上大体可分为四类。

（1）碾压式防渗墙。将热拌后的沥青混合料按一定的厚度摊铺在铺筑部位上，然后用适当的压实设备碾压，这是目前使用最广泛的一种施工方法。

（2）浇筑式防渗墙。将热拌后的沥青混合料浇筑后靠自重压密，不需要碾压设备。这种方法一般适用于沥青混凝土心墙以及水泥混凝土盖板作面板保护的沥青混凝土防渗层。

（3）装配式防渗墙。将沥青混合料预制成沥青板或沥青席，然后运到现场再装配成防渗体。它一般仅用于表面防渗。这种方法在国内较少采用，在国外较多。

（4）填石沥青防渗墙。将热拌细料沥青混合料摊铺好，在其上摆放块石。然后用大型振动器将块石振捣沉入混合料中。这是块石沥青混凝土心墙的一种施工方法，但目前使用很少。

1.2.3.3 按沥青混合物的构成分类

沥青混凝土防渗墙按其材料构成可以分为下列三类。

（1）密实沥青混凝土（碾压式沥青混凝土）防渗墙。一般骨料最大粒径为 20～30mm，沥青用量为 5%～8%。到目前为止，密实沥青混凝土心墙已有修建 100m 以上高坝的经验，从国内外已建成的沥青混凝土防渗体来看，此类仍为主要类型。

（2）块石沥青混凝土防渗墙。填筑一层厚约 20cm 的细粒沥青混凝土（骨料最大粒径8mm），于其上倾倒一层厚 40cm、粒径 10～40cm 的块石（块石占混合料容积的 35%～45%），用振动碾或强力振捣器将块石压入沥青混合料中去。一般沥青含量为 8%～12.5%。

（3）浇筑式沥青混凝土防渗墙。浇筑式沥青混凝土的沥青用量达 8.5%～16%，沥青除了填充矿务混合料的空隙外，还存在较多的自由沥青。它的物理力学性能和流变性与使用的沥青性质关系极大，为了使其具有足够的力学稳定性，一定要选用抗流变性能好的沥青品种，国产多蜡沥青和氧化沥青都属于抗流变性能好的沥青品种。

1.2.3.4 沥青混凝土防渗墙的特点

（1）防渗性能好。碾压式沥青混凝土的渗透系数一般小于 $1 \times 10^{-7} \sim 1 \times 10^{-8} \, \mathrm{cm/s}$。浇筑式沥青混凝土实际上则是不透水的。

（2）适应变形能力比较强。沥青混凝土具有较好的柔性，能较好地适应各种不均匀沉陷，如果一旦发生裂缝，水流冲刷下，也不容易再进一步扩大，甚至还有闭合自愈能力。当岸坡较陡时，土质心墙容易发生裂缝，采用耐水的高塑性的沥青混凝土心墙能避免开裂。

（3）不用黏土防渗，因而可以不占用农田，对于缺乏天然土料的地方，更显示其优越性。

（4）工程量小。一般地讲，沥青混凝土防渗体积约占黏性土防渗体的 1/20～1/50。适合工厂化施工，用工少，效率高，加快了施工进度。由于沥青混凝土防渗体断面小于土质防渗体断面，因而要求减小坝体体积的场合更为适用。

（5）沥青混凝土的塑性可有效地吸收坝体超载引起的材料变形，而不影响其防渗性能。抗冲击能力较强，其耐久性、防渗可靠性、裂缝自愈能力均优于面板混凝土。

（6）沥青混凝土生产工艺比较复杂，各环节的施工质量控制要求较高。

（7）沥青加热、沥青混凝土拌和及运输对环境污染较大。

1.3 堆石坝施工技术研究课题的提出及研究的主要内容

堆石坝以其良好的适应性，在世界范围内得到了广泛应用。就气候环境而言，无论是温暖地区还是寒冷地区均有堆石坝兴建，而且运行情况良好。目前，高原寒冷地区建设堆石坝数量也在不断增加。

然而，分析国内外堆石坝的施工时间，高原寒冷地区地堆石坝堆石大多是利用暖季施工，即使偶有资料提及的堆石坝冬季施工，也是正温条件下的冬季施工。

实践表明，混凝土面板堆石坝及沥青心墙堆石坝在高原寒冷地区的运行是安全的，两种堆石坝在暖季的施工也是快捷的、经济的。但是，对于高原寒冷地区，尤其是在严寒地区修建堆石坝，如何提高在严寒气候条件下的连续、快速、经济的施工，如何提高高海拔地区人机施工效率一直未能得到很好的解决，对于这方面的问题也很少有研究。为解决这一问题，适应高原寒冷地区堆石坝施工的需要，本书着重对混凝上面板堆石坝和沥青心墙堆石坝进行研究，研究的重点是堆石坝在高原寒冷地区的施工技术，包括在严寒条件下的堆石体填筑技术及堆石料爆破开采技术，高海拔地区对人工及主要施工设备生产率影响因素分析研究，高原寒冷地区堆石坝有效施工时段分析，高原寒冷地区堆石坝坝体填筑强度论证，高抗冻标号面板混凝土配合比技术、混凝土面板防裂措施及沥青心墙施工等。

1.4 南水北调西线工程自然条件与工程特点

1.4.1 气候特征

南水北调西线工程地处青藏高原，受季风影响，太阳辐射强，气温低，冬季漫长严寒，夏季凉爽，温度低，干、雨季分明；雨强小，多阵性，雨日多；气压低，含氧量少，并且多大风、霜冻、冰雹等灾害天气。

（1）气温。工程区地处青藏高原，海拔在3400.00～4700.00m，属高原寒温带湿润区，年平均气温分布差异主要受海拔、地理位置和气候条件等因素的影响，气温分布特点是引水区西侧低，向东、向南逐渐升高，春、秋不分，夏季凉爽或无夏季，冬季漫长且严寒。根据工程区坝址附近班玛、阿坝、色达及炉霍气象站1961～1990年的气象统计资料，年平均气温为0～6.4℃；极端最低气温为−34.0～−36.3℃，极端最高气温为23.7～31.0℃；1月温度最低，月平均−3.7～−11.1℃；7月温度最高，月平均9.9～14.6℃。昼夜温差大。同时海拔对气候条件影响效果显著，气温垂直变化明显，海拔越高，温度越低。坝址区附近气象特征见表1.4-1。

（2）地温。班玛、阿坝、色达及炉霍四个气象站测得地面温度1月最低，月平均为−2.5～−9.0℃。7月最高，月平均为14～19.5℃；年平均地面温度3.6～10.1℃。

（3）气压和含氧量。气压和大气中的含氧量随高程的增加而减少。海拔3000.00～4500.00m的地区，地面气压大都在633～710HPa之间，相当于海平面气压的60%～70%，年内各月平均气压最高之值出现在8～10月，最低值出现在2月，且具有年内气压变化较小的特点，最大与最小月平均气压差为 8～10HPa。

表 1.4－1　　　　　　　　　工程区坝址附近气象站年、月气温特征值

气象站	项目	年、月气温特征值/℃											
		1	2	3	4	5	6	7	8	9	10	11	12	年
阿坝 (29 年)	平均气温	−7.6	−4.3	0.3	4.5	8.3	10.7	12.6	11.9	9.1	4.7	−1.9	−6.8	3.5
	极端最高气温	15.7	16.6	22.5	24.8	26.3	27.2	26.5	28.0	26.4	25.6	20.6	17.7	28.0
	极端最低气温	−33.9	−26.7	−18.2	−12.7	−7.3	−4.5	−1.1	−2.0	−4.7	−12.0	−26.5	−25.3	−33.9
班玛 (25 年)	平均气温	−7.6	−5.0	−0.5	3.3	7.3	10.0	11.7	11.0	8.1	3.3	−2.9	−7.0	2.6
	极端最高气温	12.8	13.7	19.0	24.2	25.7	26.7	26.0	28.1	24.9	24.1	20.0	16.2	28.1
	极端最低气温	−25.9	−23.5	−21.0	−13.7	−7.8	−4.8	−1.7	−3.3	−5.3	−13.6	−23.9	−24.9	−25.9
色达 (30 年)	平均气温	−11.1	−8.3	−3.9	0.6	5.1	8.2	9.9	8.9	6.3	1.1	−5.7	−10.7	0
	极端最高气温	11.2	12.5	16.3	21.3	23.2	23.7	22.9	22.9	22.2	20.7	16.7	13.1	23.7
	极端最低气温	−36.3	−30.1	−25.6	−20.8	−12.9	−8.0	−5.0	−6.5	−9.5	−15.7	−24.5	−33.1	−36.3
炉霍 (29 年)	平均气温	−3.7	−0.2	3.7	7.5	11.4	13.3	14.6	13.9	11.5	7.2	0.9	−3.5	6.4
	极端最高气温	17.5	21.9	23.0	28.7	30.2	31.0	29.3	29.7	28.6	26.2	23.3	20.0	31.0
	极端最低气温	−24.0	−17.6	−14.3	−9.8	−4.7	−2.5	0.1	−0.2	−3.1	−9.1	−15.9	−21.7	−24.0

注　阿坝站高程 3275.10m，位于北纬 32°54′，东经 101°42′；班玛站高程 3750.00m，位于北纬 32°56′，东经 100°45′；色达气象站高程 3893.90m，位于北纬 32°17′，东经 100°20′；炉霍站气象高程 3250.00m，位于北纬 31°24′，东经 100°40′。

空气中的含氧量与气压、温度、湿度均有关系，海拔 3000.00～4500.00m 的地区，空气中的含氧量相当于海平面的 72%～60%，海拔升高 1000m，含氧量大约减少 10%。

（4）日照和风。南水北调西线工程海拔均在 3500.00m 以上，日照时数是全国较长的地区，大气中的杂质少，云也较少，年平均日照时数为 2000～2500h，是太阳能资源较丰富的地区。

南水北调工程区各地平均风速有随高度增加而加大趋势，而风向受局部地形影响更为显著。该地区年平均风速一般为 1.5m/s，最大风速为 23.7m/s，盛行风向、最大风速风向变化较大，班玛气象站为西北风，而阿坝站全年最多风向则为东风，最大风速风向为南风，阿坝站全年大风日数达 30.6 天。大风强度具有冬半年风速较大，夏半年风速较小的特点，年最大风速多出现在冬半年。

（5）蒸发和湿度。蒸发量受辐射、气温、风速、空气饱和程度等气象条件的影响。从地区年平均蒸发量分布看，海拔高的地区蒸发量大，纬度偏低的地区蒸发量也大，如壤塘、班玛、阿坝气象站年平均蒸发量分别为 1187.1mm、1269.2mm、1257.4mm，年内最大月蒸发量多出现在 5～7 月间，最小月蒸发量出现在 12 月至次年 1 月。

工程区地势高、气温低、大气中水分含量少、湿度低，年内各月水气含量随湿度上升而增加，相对湿度是夏半年高于冬半年，1 月平均相对湿度为 40%～50%，7 月一般达 70% 以上。

（6）其他灾害性天气。南水北调西线工程地区气候环境恶劣，除严寒、雪灾、低压、缺氧外，霜冻、雷暴与冰雹等灾害性天气也比较频繁，它们不仅给农牧业带来严重危害，而且有些灾害对工程修建及其日后管理工作也会带来一系列问题。

工程区霜冻比较严重。全年有霜期长，仅夏季很短一段时间无霜。全年霜日数大都在150天以上。其中清水河站无霜期仅10多天，年平均有霜日数多达254天。

雷暴与冰雹是既有联系又有区别的强对流天气。雷暴是危害输电线路安全、导致停电事故的一个重要原因；冰雹对农作物和畜牧业危害极大。年雷暴日数在60～80天之间。

平均年沙尘暴日数3.2天。出现沙尘暴时风力一般都大于4级，且地表干燥，多沙土尘埃。其出现时间常在2～4月。

1.4.2 水文特征

（1）降水。工程区地处青藏高原，受西部季风的影响，年雨量分布具有西北少，东南部多，且全年降水集中的特点。根据统计资料，班玛、阿坝、色达及炉霍4个气象站的年降雨量在648.7～727.3mm之间，6～9月为主降雨期，降雨强度小，持续时间长，降雨量占全年的70%以上，5～10月雨量占全年的90%以上。工程坝址附近气象站降水特征值见表1.4-2。

表1.4-2　　　　　　　　　工程坝址附近气象站降水特征值

气象站	项目	年、月降水特征值											
		1	2	3	4	5	6	7	8	9	10	11	12	年
阿坝 (29年)	平均降水量 (mm)	6.1	7.8	17.4	32.9	83.6	131.6	139.7	109.7	131.0	55.7	8.3	3.5	727.3
	最大日降水量 (mm)	10.0	8.6	11.2	19.1	31.4	44.1	67.8	33.5	35.9	24.1	12.2	5.9	67.8
	≥0.1mm 日数	4.6	6.1	9.4	13.7	20.2	22.7	22.3	19.3	22.8	15.5	5.1	2.9	164.7
	≥10mm 日数	0	0	0.1	0.3	2.2	4.5	4.9	4.0	4.4	1.3	0	0	21.7
	≥25mm 日数	0	0	0	0	0.1	0.3	0.6	0.3	0.5	0	0	0	1.8
班玛 (25年)	平均降水量 (mm)	4.5	8.0	15.6	30.0	73.7	123.0	136.4	100.0	120.5	46.0	7.2	2.2	667.1
	最大日降水量 (mm)	4.3	11.3	13.6	19.1	25.8	38.5	49.6	40.8	36.5	20.8	10.1	4.6	49.6
	≥0.1mm 日数	4.8	6.5	10.4	13.0	19.7	22.7	22.6	19.7	22.5	14.4	4.5	3.0	164.0
	≥10mm 日数	0	0.1	0	0.4	1.4	3.9	5.0	3.2	3.4	1.2	0	0	19.1
	≥25mm 日数	0	0	0	0	0	0.2	0.4	0.2	0.3	0	0	0	1.1
色达 (30年)	平均降水量 (mm)	3.8	6.9	13.2	22.6	60.4	133.4	144.3	103.0	117.1	34.1	6.3	3.6	648.7
	最大日降水量 (mm)	4.8	10.5	16.3	12.7	21.9	39.6	33.4	40.9	38.3	24.8	7.1	10.1	40.9
	≥0.1mm 日数	4.8	6.8	10.2	13.0	18.4	22.6	23.1	20.5	21.1	13.5	4.8	2.8	161.6
	≥10mm 日数	0	0	0.1	0.2	1.3	4.8	4.9	3.3	3.8	0.5	0	0	18.9
	≥25mm 日数	0	0	0	0	0	0.3	0.5	0.2	0.2	0	0	0	1.2

气象站	项目	年、月降水特征值											
		1	2	3	4	5	6	7	8	9	10	11	12	年
炉霍 (29年)	平均降水量 （mm）	2.7	4.1	12.0	31.0	71.1	137.5	129	111.9	120.8	40.2	5.1	2.1	667.5
	最大日降水量 （mm）	10.2	5.8	13.4	34.2	22.1	41.7	32.6	39.1	36.3	36.5	6.0	5.7	41.7
	≥0.1mm 日数	2.6	4.0	6.7	11.8	17.2	23.2	22.4	19.1	21.0	11.9	3.9	2.1	145.9
	≥10mm 日数	0	0	0.1	0.7	2.4	4.8	4.4	4.2	3.9	1.1	0	0	21.7
	≥25mm 日数	0	0	0	0	0	0.3	0.6	0.4	0.4	0	0	0	1.7

（2）冰冻与降雪。据班玛、上杜柯专用水文站统计资料，班玛气象站1999～2000年初冰日期为10月26日，开始流冰11月11日，终止流冰4月15日，终冰4月15日；上杜柯气象站2000年初冰日期为11月5日，开始流冰11月16日，终止流冰3月1日，终冰3月16日。

该地区多年冻土发育，主要为季节性冻土。据中国科学院冻土研究所冻土遥感调查研究资料，大渡河—黄河引水区仅在4300～4400m以上的高山顶局部有零星多年冻土存在，面积不足20%，厚度小于10m。季节冻土的冻深为1m左右。区内冰缘地貌不发育，仅在玛柯河北侧跨沙林场以北山顶和羊隆沟附近山顶有古冰川遗迹。

工程区海拔高，气温低，全年降雪量占年降水量相当比例。全年降雪量主要出现在5月、6月、9月、10月，在海拔4000.00m以上地区，即使在夏季7月、8月间也时有降雪出现，海拔在5000.00m以上地区终年积雪不化。降雪初日多出现在9月中下旬，降雪终日多出现在6月上中旬，全年平均降雪量超过100mm，全年实际降雪日数为79～102天，积雪日数为43～54天，最大积雪厚度在20cm以下。

（3）洪水特征。引水地区出现的洪水主要有两种类型：一种为非汛期融雪（降水）洪水，主要发生在4～5月；另一种为汛期强降雨洪水，主要发生在6～10月。降水强度小，暴雨出现几率稀少，持续降雨过程较多，加之汇水面积大，因此，该区域洪水过程具有涨落缓慢，洪峰低，洪水历时长，洪水的年际变化较小等特征。径流主要来源降水，并有季节性融雪与融冰补给。一般11月至次年3月为枯水期，降水稀少，且以降雪形式为主，径流来源主要由地下水补给；4～5月为枯、丰水过渡期，径流为融雪及春雨补给；6～10月为汛期，径流主要为降雨。径流量主要集中在6～9月，占年径流量的74%～82%。

1.4.3 工程特性

南水北调西线工程地处青藏高原东南部边缘地带，位于四川省的甘孜、色达、壤塘、阿坝县，青海省班玛县和甘肃省玛曲县境内。输水线路涉及雅砻江、大渡河、黄河三大流域。西线工程控制流域面积4.63万km²，工程区海拔3400.00～4700.00m。引水枢纽处河床海拔3400.00～3600.00m。

工程由"七坝、十四洞、六渡槽、二倒虹吸"串联而成，输水线路总长325km，输水线路串联雅砻江干流及支流达曲、泥曲和大渡河支流色曲、杜柯河、玛柯河、克曲7条较大的河流，在此河流上修建 7 座大坝，形成 7 座水库。拦河坝高 30～192m。7 座大坝坝址分别为枢纽 1～枢纽 7。上述 7 座坝址控制河流的多年平均径流量分别为 60.72 亿 m^3、10.32 亿 m^3、11.49 亿 m^3、4.12 亿 m^3、14.45 亿 m^3、11.08 亿 m^3 和 6.06 亿 m^3。

1.4.3.1 引水坝址

"7 坝"即调水河流的 7 座坝址，坝高分别为 192.00m、138.38m、120.00m、30.00m、113.50m、105.90m、98.90m。工程规划各坝址主要指标见表 1.4 - 3。

表 1.4 - 3   工程规划各坝址主要指标表

引水河流	雅砻江			大 渡 河			
	雅砻江	达曲	泥曲	色曲	杜柯河	玛柯河	克曲
坝址名称	枢纽 1	枢纽 2	枢纽 3	枢纽 4	枢纽 5	枢纽 6	枢纽 7
建设地点	四川甘孜	四川甘孜	四川甘孜	四川色达	四川壤塘	青海班玛	四川阿坝
坝址高程/m	3527.00	3604.00	3598.00	3747.00	3539.00	3538.00	3470.00
控制流域面积/km²	26535	3487	4650	1470	4618	4035	1534
坝址多年平均径流量/亿 m³	60.72	10.31	11.49	4.12	14.45	11.08	6.06
坝址多年平均引水量/亿 m³	42.00	7.00	7.50	2.50	10.00	7.50	3.50
正常高水位/m	3706.98	3718.90	3702.73	3758.00	3634.23	3632.46	3559.19
引水位（死水位）/m	3660.00	3640.00	3635.00	3758.00	3575.00	3570.00	3510.00
校核洪水位/m	3708.40	3721.04	3704.61	3760.08	3636.30	3634.46	3560.36
设计洪水位/m	3707.67	3719.30	3703.05	3759.54	3634.79	3632.94	3560.03
总库容/亿 m³	38.18	5.0	4.48		5.39	4.26	1.55
坝顶高程/m	3713.00	3723.00	3707.30	3763.20	3638.20	3636.70	3562.00
最大坝高/m	192.00	138.38	120.00	30.00	113.50	105.90	98.90
坝顶长度/m	567.87	542.00	598.50	679.85	673.10	546.38	392.00
坝型	混凝土面板堆石坝	沥青心墙堆石坝	混凝土面板堆石坝	混凝土砂砾石坝	沥青心墙堆石坝	混凝土面板堆石坝	粘土心墙堆石坝
建筑物级别	1 级	1 级	1 级	3 级	1 级	1 级	1 级

（1）枢纽 1 坝址。坝址区雅砻江河谷高程 3527.00～3541.00m，两岸临河山顶高程 4700.00～4800.00m，属深切割高山区。两岸坡度一般在 27°～40°，局部可达 50°～60°，甚至近直立。区内植被发育，雅砻江河床、两岸坡脚、支沟沟底及沟口覆盖严重，上部山体大部分基岩裸露。河谷横剖面呈对称的"V"字形。河谷狭窄，主要发育漫滩、阶地及洪积扇等微地貌，阶地不发育，仅分布在热巴村对岸分布有 I 级阶地。

坝址区主要为印支期岩浆岩，三叠系分布较少，第四系松散堆积物分布于雅砻江河谷、支沟沟底及两岸山坡。岩浆岩构成坝址雅砻江两岸山体，为印支期中酸性侵入岩，岩性为石英闪长岩和黑云母花岗岩，分为两个岩相带。黑云母花岗岩孔隙率平均 3.3%，干抗压强度 85～104MPa，饱和抗压强度 32～54MPa，软化系数为 0.55～0.7；石英闪长岩孔隙率平均 2.24%，干抗压强度 90～100MPa，饱和抗压强度 50～64MPa，软化系数 0.65～0.75。三叠系两河口组一段分布于热巴村东南方向，为青灰色中厚层—厚层砂岩夹深灰色薄层状粉砂质板岩和少量绢云母板岩，砂板岩比 3：1～7：1。三叠系新都桥组分布于坝址区西南部和东北部，岩性为灰—灰黑色粉砂质板岩、粉砂质绢云板岩、绢云板岩、炭质绢云板岩夹灰色薄—中厚层状岩屑石英砂岩、长石岩屑砂岩和粉砂岩薄层或砂岩透镜体，砂板比 1：5 左右。第四系全新统冲积物分布于河床、河漫滩和Ⅰ级阶地上，主要为砂砾石阶地上部覆盖有含砾砂壤土、壤土层，厚度大于 7.0m。全新统冲洪积物分布于雅砻江两岸各支沟沟底和沟口，主要为分选差的砂砾石。全新统坡积物分部于雅砻江两岸山坡，坡积物厚度一般 1.0～10.0m，局部较厚可达 10.0m 以上，主要为漂石、砾石、碎石、砂壤土、壤土。

坝址区位于雅江弧形构造带内，构造不发育。坝线东北约 3km 处有一断层，为逆断层，断层总体走向 310°～330°，倾角 60°～75°，断层坝址区覆盖严，沿断层发育破碎岩体，次级褶皱，石英脉、侵入岩脉等。节理裂隙在坝址区走向 310°～345°，倾向 NE 或 SW，倾角 30°～80°，密度 3～6 条/m 和走向 30°～50°，倾向 NW，倾角 40°～85°，密度 2～5 条/m 的两组节理最为发育，其他方向节理不甚发育，岩浆岩体中节理多为陡倾角的剪节理，倾角多在 50°～80°，节理面多平直粗糙。

地下水类型可分为松散岩类孔隙水、构造裂隙水和风化带网状裂隙水。松散岩类孔隙水主要分布于河漫滩、Ⅰ级阶地、冲洪积扇和坡积物中，含水层为砂砾石层和土夹碎块石。中等富水区分布在河漫滩、Ⅰ级阶地、冲洪积扇和离沟底较近的坡积物中，含水层为冲积砂卵砾石、冲洪积碎块石和坡积土夹碎块石。贫乏区分布于较高的坡积物中，含水介质为土夹碎块石，泉水流量一般很小。构造裂隙水主要分布于节理密集带等构造裂隙发育区。坝址区构造简单，此类泉水较少。风化带网状裂隙水在坝址区分布广泛，含水介质为风化的岩体。风化带内岩石破碎、裂隙发育，是风化带网状裂隙水的主要赋存空间。此类地下水动态随季节变化较大，雨季、融雪期泉流量明显增大，枯水季减小。坝址区内覆盖层及全、强风化基岩均为中等透水，左坝肩和河床弱风化—新鲜基岩总体上为弱透水，局部弱风化基岩为中等透水，右坝肩埋深 75.0m 以内基岩节理裂隙贯通性可能较强，弱、微风化及部分新鲜基岩为中等透水，其下部新鲜基岩为弱—微透水。

（2）枢纽 2 坝址。坝址位于雅砻江支流鲜水河的达曲上，坝址河谷高程 3598.00～3612.00m，两岸临河山顶高程在 4100.00～4300.00m，河谷呈不对称"V"形，山体浑厚，属轻微—中等切割高山区。河谷较窄，主要发育漫滩、阶地、冲洪积扇等微地貌。坝址区两岸山体陡峻，坡度一般在 30°～40°，局部可达 50°～60°，甚至近直立，整体岸坡稳定。

坝段区出露三叠系上统侏倭组和第四系，三叠系上统侏倭组地层可分为两段。一段根据砂岩与板岩组合比例可分为上下两层：上层主要分布于达曲河谷，为青灰色、深灰色中厚层—厚层状中细粒浅变质长石石英砂岩、岩屑砂岩夹少量深灰色薄层状粉砂质绢云母板岩、碳质板岩。砂岩单层厚 0.4～1.0m，砂板比 4：1～6：1，局部为 1：1～3：1。该岩组厚 400m 左右。下层岩性为青灰、深灰色薄层—中厚层长石石英砂岩、岩屑石英砂岩与深灰色、灰黑色、灰绿色粉砂质板岩、绢云母板岩、碳质板岩互层，局部含薄层—中厚层粉砂岩。砂板比 1：1～2：1，局部板岩较多，砂板比可达 1：2 左右。该岩组厚 530m 左右。二段岩性为青灰色—灰黑色中厚层—厚层状中细粒岩屑砂岩、长石石英细砂岩、粉砂岩夹少量的深灰色、灰色、灰黑色粉砂质板岩、碳质板岩，局部夹薄—中厚层灰岩。砂岩单层厚度 0.35～1.7m，局部砂岩单层厚可达 2.5m；板岩为极薄层—薄层，单层厚在 0.02～0.15m。砂板比 3：1～6：1，该岩组厚度大于 320m。

砂岩孔隙率平均 2.45%，板岩孔隙率平均 3.50%。砂岩干抗压强度 70～90MPa，饱和抗压强度一般 50～60MPa，软化系数平均 0.7～0.8；板岩干抗压强度 25～35MPa，饱和抗压强度一般 10～20MPa，软化系数平均 0.50～0.60。第四系沉积物的成因类型主要有冲积、洪积、残坡积等。冲积物主要沿达曲河流呈带状分布，洪积物分布于支沟及其沟口、残坡积物分布于两岸的山坡上。

坝址区内褶皱及断裂构造发育，地层的产状和分布总体上受达曲背斜影响，两岸地层均为逆向坡。坝段整体上为一复式背斜，核部基本沿达曲河谷展布，河谷两岸为达曲背斜的两翼。坝段内发育有五条断层，均不具有活动性。

坝址区主要发育走向 70°～90°和 275°～295°两组节理，其他方向节理发育较差。而且节理主要发育于砂岩中，板岩中节理发育程度相对较差，节理类型多为剪节理。在坝址区还发育有数条泥化夹层，为碎屑夹泥型。

坝址区地下水可分为松散岩类孔隙水和基岩裂隙水两大类，其中基岩裂隙水又据裂隙成因和性质的不同分为构造裂隙水和风化带网状裂隙水两类。松散岩类孔隙水主要分布在达曲的河漫滩、Ⅰ级、Ⅱ级阶地及支沟滩地中，按其富水程度可分为中等富水区—富水区、中等富水区—贫乏区二类。

（3）枢纽 3 坝址。坝址位于雅砻江支流鲜水河的泥曲上，坝址河面高程 3560.00～3582.40m，两岸山体雄厚，相对高差在 290～697m 之间，属轻微—中等切割的高山区。两岸天然岸坡一般为 25°～35°，局部达到 40°～50°，甚至直立。河谷相对开阔，形态呈不对称的浅"U"形，其间主要发育有Ⅰ级、Ⅱ级阶地及冲洪积扇等微地貌。天然岸坡整体稳定条件较好。但受地形地貌、水文气象、土壤植被、地层岩性和地质构造等因素综合影响，坝址区内局部物理地质现象较发育，主要表现为岩层倾倒变形、滑坡、崩塌和泥石流。

坝址区内出露三叠系上统两河口组和第四系全新统；其中三叠系上统两河口组为区内主要地层；岩性组合总特征为微变质细粒长石石英砂岩、钙质石英砂岩、粉砂岩与粉砂质绢云板岩、绢云板岩的韵律互层。一段第一层砂板比 2～4：1。一段第二层砂板比 3～6：1。二段砂板岩之比为 1～3：1。砂岩干抗压强度 65～85MPa，饱和抗压强度 45～70MPa，软化系数为 0.75；板岩干抗压强度 25～35MPa，饱和抗压强度平均 15～20MPa，软化系数 0.50。第四系主要分布在泥曲河谷和两岸山坡，主要有冲积、洪积、冲洪积和残坡积等几种成因类型。坝址区无区域性大断裂通过，无强震震中分布。坝址处于稳定区。

泥曲两岸地下水位高于河水位，地下水补给河水。松散岩类孔隙水主要分布于河漫滩、Ⅰ级、Ⅱ级阶地及山前洪积扇和残破积物覆盖层中，含水层为砂砾石层和碎块石夹土。基岩裂隙水分为构造裂隙水和风化带网状裂隙水，构造裂隙水主要分布于褶皱核部、节理密集带及断层破碎带等构造裂隙发育区，一般以上升泉的形式出露地表或补给松散岩类孔隙水。风化带网状裂隙水在坝址区分布广泛，多以浅层水平运动为主，并以下降泉形式出露地表或直接补给地表水。坝址区岩体透水性主要受裂隙的发育程度、构造和风化卸荷作用等多种因素控制，属弱透水—中等透水。

（4）枢纽4坝址。坝址位于色曲上，坝址区相对高差180～250m，属轻微切割山高山区，河道弯曲，坝址河段内河谷横剖面呈不对称"U"形，河谷宽阔，主要发育漫滩、阶地及冲洪积扇等微地貌。坝址区两岸山体平缓，坡度一般在12°～30°，局部较陡可达40°～50°，天然岸坡稳定性较好。另外由于两坝肩特别是右坝肩覆盖层、强风化带、破碎带较厚，可能会发生浅层的滑塌、倾倒变形破坏。

坝址区出露三叠系上统侏倭组上段、新都桥组和第四系。第四系松散沉积物主要为冲积物、冲洪积物和残坡积物。侏倭组上段岩性为中厚层状（局部薄层状）中细粒长石石英杂砂岩、长石石英砂岩、岩屑石英砂岩夹少量粉砂质绢云母板岩，砂岩单层厚度0.20～1.50m，局部较厚，砂岩与板岩比例约3∶1～5∶1。新都桥组分布于色曲两岸，岩性为粉砂质板岩、绢云板岩夹少量中厚层状变质岩屑石英砂岩、长石岩屑砂岩和粉砂岩薄层或透镜体，砂岩单层厚度0.10～0.60m，板岩劈理发育，砂岩与板岩比例为1∶4～1∶5。砂岩干抗压强度60～80MPa，饱和抗压强度50～60MPa，软化系数0.8。板岩干抗压强度40～50MPa，饱和抗压强度20～40MPa，软化系数0.5。

坝址位于复式向斜的SN翼，靠近核部位置，向斜核部被冲蚀切割形成河流，由于受多期构造叠加等因素的影响，两翼岩层产状变化较大。发育的断层主要有逆断层，位于左岸山坡，走向约315°～330°，倾角约60°，断层带宽2～5m，破碎带宽6～20m；断层附近还见有断层泉水出露。逆断层基本沿河谷延伸，总体走向约330°，倾向北东，断层破碎带及其影响带可达500m，岩石极破碎，产状紊乱，断面近直立。坝址存在多处层间挤压破碎带，局部板岩泥化。

坝址主要发育四组节理，走向分别为6°～25°、285°、314°和329°。局部地段顺层劈理发育，板岩中劈理较砂岩发育。劈理的发育对砂岩风化程度有影响，且使砂岩的抗压强度降低，板岩中劈理发育造成板岩破碎，抗风化能力与抗压强度明显降低。

坝址区地下水分为松散岩类孔隙水和基岩裂隙水两大类。其中基岩裂隙水又根据裂隙成因和性质的不同分为构造裂隙水和风化带网状裂隙水两类。松散岩类孔隙水主要分布在色曲的河漫滩、Ⅰ级、Ⅱ级、Ⅲ级阶地及支沟堆积物中。构造裂隙水主要分布于褶皱核部、断层带、层间挤压破碎带、节理密集带等构造裂隙发育区，主要接收大气降水、冰雪融水、地表溪流及风化带裂隙水渗入补给。

（5）枢纽5坝址。坝址位于四川省壤塘县城西北杜柯河上，坝址区地势总体为西高东低，临河山顶高程均在3900.00m以上，多呈浑圆状，谷底高程在3530.00～3554.00m之间，相对高差在400～600m，属中等切割的中高山区，两岸山体宽厚。河谷在珠安达村以上宽阔平坦，以下相对较窄。坝线处横剖面呈"V"字形。杜柯河两岸不对称分布有河漫滩、Ⅰ级阶地和残存的Ⅱ级阶地。

出露的地层为三叠系上统侏倭组、新都桥组和第四系，局部出露侵入岩。第四系主要分布在杜柯河两岸及支沟中，按成因类型划分为冲积、洪积和坡积三种类型。侏倭组分布于测区的东北部，岩性为灰色中厚层—巨厚层状细—中粒长石岩屑砂岩、石英砂岩与深灰—灰黑色粉砂质绢云板岩、炭质绢云板岩互层，砂板比2～3∶1。新都桥组可分为三段，第一段岩性为灰—灰黑色粉砂质板岩、粉砂质绢云板岩、绢云板岩、炭质绢云板岩局部夹薄—中厚层状岩屑石英砂岩、长石岩屑砂岩，砂板比 1 ∶ 8～1 ∶ 9。第二段岩性为薄—中厚层状岩屑石英砂岩、长石岩屑砂岩夹粉砂质板岩、绢云板岩，砂板比 3～4 ∶ 1。第三段岩性为灰—灰黑色粉砂质板岩、绢云板岩偶夹灰色薄—中厚层状岩屑石英砂岩、长石岩屑砂岩，砂板比为 1 ∶ 10。砂岩干抗压强度 60～90MPa，饱和抗压强度 40～70MPa，软化系数 0.55～0.80。板岩干抗压强度 25～40MPa，饱和抗压强度 15～20MPa，软化系数 0.50～0.70。

枢纽 5 坝址处于一背斜核部，轴线大体沿杜柯河以 300°方向展布，主要发育有两条较大规模的断层，均为杜柯河断层的分支断层。

坝址区地下水可分为松散岩类孔隙水和基岩裂隙水两大类，其中基岩裂隙水又分为构造裂隙水和风化带网状裂隙水两类。松散岩类孔隙水主要赋存于河漫滩、河流Ⅰ级、Ⅱ级阶地、洪积扇等松散堆积物中；构造裂隙水主要分布于褶皱核部及沿断层等构造裂隙发育区，主要接收大气降水、冰雪融水、地表溪流及风化带裂隙水渗入补给；一般在谷底、山坡下部以下降泉的形式出露于地表或补给松散岩类孔隙水。

（6）枢纽 6 坝址。坝址区总体地势西北高东南低，河谷高程 3529.00～3554.00m，山顶高程多在 3900.00m 以上，属轻微—中等切割的高山区。坝址区上游两岸坡度较缓，一般 20°～40°，下游坡度较大，一般 30°～60°。坝线上游及下游河谷宽阔平坦，最宽达 700m；坝线处相对较窄，谷底宽 128m，横剖面呈"V"字形。河流两岸支沟发育，较大支沟左岸有尕沟、日穷沟；右岸有霍那沟、且莫沟，均为常年性流水支沟。河流两岸不对称分布有河漫滩、Ⅰ级阶地和Ⅱ级阶地，在支沟沟口发育有洪积扇。

坝址区出露的基岩为三叠系中统扎尕山组三段和二段地层。根据砂板比及其组合关系，二段又进一步划分为三层。扎尕山组三段岩性为灰色薄层、中厚层岩屑砂岩与灰、深灰色粉砂质板岩，绢云板岩不等厚互层，砂板岩之比 1 ∶ 1～1 ∶ 2。扎尕山组二段三层岩性为灰色中厚—厚层岩屑砂岩夹灰、灰黑色粉砂质板岩，绢云板岩，砂板比为 5～7 ∶ 1。扎尕山组二段二层岩性为灰色中厚—厚层岩屑砂岩与灰、灰黑色粉砂质板岩，绢云板岩不等厚互层，砂板岩之比 1～2 ∶ 1。扎尕山组二段一层岩性为薄层—厚层岩屑砂岩夹灰、灰黑色粉砂质板岩，绢云板岩，砂板比为 4～5 ∶ 1。砂岩孔隙率平均 2.01%，板岩孔隙率平均 3.50%。砂岩干抗压强度 60～80MPa，饱和抗压强度 40～60MPa，软化系数为 0.6～0.75；板岩干抗压强度 25～35MPa，饱和抗压强度 15～26MPa，软化系数 0.5～0.7。第四系沉积物按成因类型划分为冲积、洪积、坡积和残坡积四种类型。冲积物主要分布玛柯河两岸，洪积物主要分布在各大支沟及沟口，坡积物主要分布于坡脚，残坡积物主要分布于山顶及山坡处。

坝址位于莫巴乡—美尔岗背斜的 NE 翼，岩层一般走向为 NW285°～315°，倾向以 NE 为主，倾角多在 60°以上，为陡倾角岩层地区。坝址内发育的断层，一般出露宽度不大，延伸短，规模较小，走向多与区域构造线方向基本一致。坝址区以走向 30°～51°一组节理最发育，其他方向发育相对较弱。节理主要发育于砂岩中，一般不切穿板岩，板岩中节理发育程度相对较差。节理多闭合或微张，节理裂隙发育程度总体为发育。

玛柯河两岸地下水位高于河水位，地下水补给河水。地下水可分为松散岩类孔隙水和基岩裂隙水两大类。松散岩类孔隙水主要赋存于河漫滩、河流Ⅰ级、Ⅱ级阶地、洪积扇等松散堆积物中。按其富水程度可分为中等富水区—富水区、中等富水区—贫水区两类。前者主要分布于河漫滩、Ⅰ级阶地；后者分布于Ⅱ级阶地及较高残坡积物中。基岩裂隙水主要为风化带网状裂隙水，该类地下水在坝址区分布广泛，具有明显的垂向分带性。以大气降水、冰雪融水为主要补给来源，多以浅层水平运动为主，并以泉水形式向低凹的地表排泄或直接补给地表水。泉水流量受季节气候影响较大，雨季、冰雪消融期流量增大，而枯水期流量减小或断流。

（7）枢纽7坝址。坝址位于四川省阿坝县安斗乡克柯村阿柯河上，下游距阿坝县城约35km。河谷高程3503.20～3456.30m，相对高差400～600m，属中等切割的中高山区。主要发育有河漫滩、高漫滩、Ⅰ级阶地、Ⅲ级阶地和少量的洪积扇，坝段内未见Ⅱ级阶地。

坝段内两岸山坡较陡，坡度为25°～45°，其中左岸山坡相对较缓，为25°～35°；右岸相对较陡，为30°～45°；山顶坡度相对较缓。河谷横剖面呈"V"字形，为典型的峡谷形河道，以斜向谷为主，河流与岩层走向夹角多在30°～60°间，局部少量的横向谷和顺向谷，岩层倾角一般大于坡角。

坝段内地层为三叠系的扎尕山组、杂谷脑组、侏倭组和第四系，扎尕山组岩性为浅变质砂岩与板岩不等厚互层，分为3个岩性段，扎尕山组第一段以灰色、灰绿色绢云板岩、粉砂质板岩为主夹灰、浅灰绿色中—薄层岩屑砂岩、岩屑长石砂岩，砂板比1：3～1：6。第二段以灰色薄—中厚层状浅变质长石石英砂岩、岩屑砂岩为主夹薄层灰—灰绿色绢云板岩、砂质板岩，局部夹透镜体状薄层灰岩，砂板岩之比为2：1～4：1。第三段为灰—深灰色绢云板岩、砂质板岩与薄—中厚层灰色浅变质长石石英砂岩、岩屑砂岩呈不等厚互层，横向上零星夹灰岩透镜体，砂板岩之比为1：1～1：2。杂谷脑组为灰—青灰色中—厚层状岩屑、岩屑长石石英砂岩、不等粒岩屑长石石英杂砂岩夹灰、灰黑色绢云板岩、钙质、粉砂质板岩，横向上零星夹结晶灰岩。砂板岩之比为3：1～6：1。侏倭组下部岩性段为岩性为灰、青灰色薄—中层状岩屑、岩屑长石砂岩与灰、灰黑色钙质、粉砂质板岩呈不等厚互层，砂岩与板岩之比约为1：1～1：2。上部岩性段为灰、青灰色薄—中层状岩屑、岩屑长石砂岩夹灰、灰黑色钙质、粉砂质板岩，砂岩与板岩之比约为3：1～5：1。砂岩孔隙率平均2.08%，板岩孔隙率平均2.87%。砂岩干抗压强度70～90MPa，饱和抗压强度40～60MPa，软化系数为0.80；板岩干抗压强度30～40MPa，饱和抗压强度20～30MPa，软化系数0.62。

坝址内第四系有更新统冲洪积物、冰水—冰川沉积物、全新统冲积物、洪积物和坡积物，特征见库区。

地下水分为松散岩类孔隙水、风化带网状裂隙水和构造裂隙水三大类。松散岩类孔隙水主要储存于高漫滩、阶地、洪积扇和坡积层中。更新统、全新统冲积、洪积砂砾石层、砂层，分布面积较大。含水层接受大气降水、地表水和基岩裂隙水补给，在阶地前缘底部沿基岩面出露或直接排向克曲，地下水径流较为强烈，泉水流量较为稳定，水位埋深差异很大，主要与地形条件有关。坡积物含水层分布零星面积小，泉水流量不稳定。风化带网状裂隙水坝址区分布广泛，以大气降水为主要补给来源，多以浅层水平运动为主，以泉水形式向低凹的地表排泄，或直接补给松散岩类孔隙水，泉点分布高程差异很大。构造裂隙水主要分布于裂隙较发育带和断层带附近，和风化带裂隙联系紧密，该类地下水分布范围较少。

1.4.3.2　工程等级

南水北调西线工程是一个庞大的跨流域调水工程。年设计调水 80 亿 m³。供水范围涉及黄河上中游的广大地区和城市。从调水量、工程规模和供水范围看，在国内外均属少见。按水利部水建〔1998〕15 号文规定，南水北调西线工程为特大型工程。西线工程为南水北调工程的重要组成部分，供水对象特别重要，按照《水利水电工程等级划分及洪水标准》（SL 252—2000）第 2.1.1 条规定，工程等别为Ⅰ等。其永久性水工建筑物的级别，主要建筑物为 1 级，次要建筑物为 3 级。

2 高原寒冷地区对人工及主要施工设备生产率影响因素

众所周知，气压和大气中的含氧量随高程的增加而减少。在海拔 3000～4700m 的地区，地面气压大都在 600～700HPa 之间，相当于海平面气压的 60%～70%，年内各月平均气压最高之值出现在 8～10 月，最低值出现在 2 月，且具有年内气压变化较小的特点，最大与最小平均气压差为 8～10HPa。

南水北调西线工程区平均海拔 3500.00m，年平均气温为 0～6.4℃，极端最低气温 -24～-36℃，极端最高气温为 24～31℃，1 月温度最低，月平均 -3.7～-11.1℃，7 月温度最高，月平均 9.9～14.6℃。昼夜温差大。高程对气候条件影响显著，气温垂直变化明显，高程越高，温度越低。该地区年平均风速一般为 1.5m/s，最大风速超过 24m/s，盛行风向、最大风速风向变化较大，班玛站为西北风。大风强度具有冬半年风速较大，夏半年风速较小的特点，年最大风速多出现在冬半年。

在低压、严寒、缺氧的条件下进行工程建设，人工、机械效率都有较为明显的下降，充分做好前期调查研究工作，并准备多种方案应对高原寒冷环境下人机效率下降问题，对整个西线工程能保质保量、按期完工具有十分重要的现实意义。水利水电施工规范和定额中高原地区人工、机械定额调整系数见表 2.0-1。

表 2.0-1　　　　　　　　高原地区人工、机械定额调整系数表

项目	高　程/m					
	2000.00～2500.00	2500.00～3000.00	3000.00～3500.00	3500.00～4000.00	4000.00～4500.00	4500.00～5000.00
人工	1.10	1.15	1.20	1.25	1.30	1.35
机械	1.25	1.35	1.45	1.55	1.65	1.75

2.1　高原寒冷条件对人工效能的影响及对策

2.1.1　高原寒冷条件对人工效能的影响

南水北调西线工程区平均海拔 3500m，随海拔升高，大气压下降，空气密度减小，含氧量降低；平均气温低，低温期长，昼夜温差大；降水量小，蒸发量大，气候干燥；日照辐射强。海拔每升高 1000m，大气压力下降 9%，空气密度下降 6%～10%，含氧量下降 10%，年平均气温下降 5%～7%；年平均气温为 0～6.4℃，极端低温为 -24～-36℃；海拔每升高 1000m，风压下降 9%，风速大，风压小，年大风期长；年平均日照时数超过 2000h，达到地面的太阳辐射最强月是 5 月，辐射量达 71～105cal/cm² 海拔每升高 1000m，太阳辐射能增加 10%，海拔 3000.00m 以上趋缓。海拔升高，沸点相应降低，平

均沸点为 85℃。

由于严寒、低压、缺氧，即使不工作人也会感到呼吸急促，头痛，浑身无力。在这样的条件下施工，建设者的生存能力受到了影响。高原气候对人体主要有以下几方面的影响。

（1）由于空气中缺氧，人们的肺活量增大，只有增大吸纳量才能满足身体对氧气的需求。所以人常出现气喘、呼吸加快、血液循环加快，心脏负担增加，人经常出现气短、乏力，思维变慢等。

（2）由于缺氧，人们消化系统功能降低，人们食欲变差，饭量减少 1/3 以上。从而加剧了人体的不适。

（3）由于缺氧人们的免疫力降低，极易患重感冒，且难以治愈，口服一般感冒药物无法制止病情发展，只有连续输液才能控制病情。一旦病情发展很容易引起肺气肿、脑水肿，直接危及人的生命。

（4）人们长期在高海拔地区工作（1 年以上）会引起身体机能的演变，发生"三大三小"，即肺大、脾大、肝大，胃小、肾小、生殖器变小。所以长期在高海拔地区工作的人，回到内地后，有三年的危险期，若调整不好，就可能出现生命危险。

（5）作业人员心、肺功能的影响。通过冷龙岭隧道（海拔 3421.00m）40 名工人与秦岭隧道 117 名工人对照，测定心电图、肺功能等多项指标，比较两者差异情况，结果表明，高原隧洞作业工人心电图异常率同秦岭隧道作业人员大致相同，但冷龙岭隧洞工人均是经体检合格后进入高原，且定期换岗，仍有 6 人心电图异常，主要表现为窦性心动过速，心动过缓和 S—T 段低平。肺功能测定结果为通气功能性障碍，FVC、FEV1、FEV1/FVC 的实测值与预计值的比值均小于 1；与秦岭隧道工相比较，经统计学处理，差别有高度显著性。特别是当 FEV1/FVC 的实测值与预计值的比值低于 0.85 时，隧洞工出现了明显的高原反应，如头痛、头晕、胸闷等。因此高原对人心肺功能影响较大，应定期检查，发现异常及时保护、撤离。

2.1.2 采取的措施

坚持"以人为本"，保证参建人员健康生活、正常作业、能"上得去，站得稳，干得好"是建设单位的共同目标。为此，在落实"以人为本"的基础上，坚持"兵马未动，保障先行"，遵循高原生理规律，制定相应的合理措施，确保人员身体健康，实现工作效率的目标，可采取的措施有以下几点：

（1）采用由低到高的适应性训练。对所有参加施工的人员应进行严格体检，在低海拔地区"习服"7～10d，适应后逐步"阶梯式"升高，克服因海拔的突然增高对人体产生的不利影响，发放防寒用品和抗缺氧药物。身体确不适应高原环境的人员要送回内地。

（2）限制作业时间和劳动强度。根据工程所在地的条件，采取相应的工作班组安排，增加作业班次，缩短每班工作时间，每班工作不超过 6h，增加备用工人，进行轮流换班作业，安排合理的劳动强度，保证人员体力得到较快的恢复。有组织的聘用高原地区群众参与施工，以减少内地派去人员的数量也是一个明智之举。施工人员实行年度回内地轮休制度。

（3）建立设施齐全的医疗保障体系。在工程所在地应建立救治中心、指挥部医院和工地卫生所的三级医疗保障体系，配置先进适用的常规医疗设备和医用高压氧舱等，确保施工人员能得到及时的救治。

（4）适当修建大型高原医用制氧站。适当修建大型高原医用制氧站，保证职工的生产生活用氧，构建起多道坚固的安全防线。这也是尊重和体现劳动者人权的巨大进步。中铁十二局集团有限公司青藏铁路工地医院为解决高原缺氧问题，与北京科技大学联合研制了3座高原大型医用制氧站，建起了目前世界上海拔最高的制氧站，每台每小时可产氧气$24m^3/h$，保证职工每天可以吸氧2h。同时，每天可以向风火山隧道进行24h弥漫式供氧，并在洞内安装了移动式氧吧车，较好地解决了隧道施工人员的缺氧难题，并保证了职工生活用氧，使施工环境相当于下降了1000m，有效保障了施工人员生命安全。在隧道施工中，洞内作业人员就像是在海拔3600m的拉萨工作。工地医院统计表明，制氧站投入使用后，高原病发病率较以前下降了44%。

青藏铁路二期工程格尔木至拉萨段长约1118km，其中965km的地段处于海拔4000.00m以上的高寒地区，平均海拔4500.00m左右，部分地段为无人区，植被稀少或无植被。而西线工程区平均海拔3500.00m左右，平均海拔比青藏铁路低1000.00m，该地区有人口集中居住的县城和分散居住的游牧民族，植被较好，环境条件比青藏铁路要好。所以，可适当修建大型高原医用制氧站，以便备用。

（5）提高机械化施工程度，尽量减少施工人员数量。南水北调西线工程的施工，机械设备的投入量将是巨大的，因为海拔3500.00m以上空气比较稀薄，内地人员上青藏高原就是普通的行走都觉得吃力，如果干重体力劳动效率是极为低下的。因此，要用机械化施工来代替体力劳动，提高机械化程度。

由于高原缺氧的原因，即使是高原型发动机也存在功率下降的问题，所以机械设备不能按平原上的工作能力进行配置，要适当增加一些功率储备，储备系数可以选1.2～1.4之间，满足施工生产的正常需要。

高水平的机械化作业，不仅加快了施工速度，重要的是大大节省了人力，尽量选用拼装化的工程结构，在低海拔地区预制，高原上仅进行拼装，减少高原工地作业人员和工作时间，从而减少后勤供应量，降低工程成本。

西线工程以土石方工程为主，有利于采用机械化施工，所以施工队伍设备的投入量也应该是空前的，因此更应该加大机械设备的选型、日常管理力度，保障施工生产顺利进行。

（6）适当采取停工措施。由于气温越低，气压就越低，空气中的含氧量也越少，对人体的伤害更大，为降低工程成本，确保人员的身心健康，对工期要求不严的项目，严寒月份可采用停工的措施。

2.2 工程机电设备及内燃机械高原环境适应性

从1999年开始，在科技部的大力支持和机械工业环境技术研究中心"九五"攻关项目的影响下，内燃机械及工程机械行业积极响应高原特殊大气环境适应性试验研究，在上海柴油机厂的率先参与和带动下由潍坊柴油机厂、杭州汽车发动机厂、重庆康明斯、一汽锡柴、北内、玉柴等国内八家名牌柴油机生产厂先后以自己品牌内燃机共12个机型20个品种进行了高原4000m环境适应性的试验研究、匹配调整和优化，取得了前所未有的成果：高原功率恢复在保持排温、油耗率及各项参数基本不变的情况下，经过对增压方案的优化和调整，多种机型在保持正常排温、燃油消耗率和增压器转速的情况下，功率在4000m实地总下降值控制到了3％之内，这是以往从未获取的结果（普通增压机型在海拔4000.00m，功率下降16％，油耗率上升12％，海拔3000.00m排温均达到700℃）。其原因：一方面是近些年来我国内燃机械基础质量大幅提高；另一方面功率恢复型增压匹配技术有了长足发展，优化方案调整试验获得了最佳成绩。其中G6135、WD615、D6114、NT855－C280、6110系列柴油机经过两年的数轮试验优化，其动力性、经济性、热平衡性、排放性和低温起动性能，在海拔4000.00m的高度各指标均达到原机低海拔水平，达到海拔4000.00～5000.00m地区工程机械的配套要求。2001年后研发力度进一步加大，研发品种和规格进一步扩展，又有10个品种16种功率的机型投入4000m优化匹配试验研究，为工程机械对高原工程提供优良的施工装备配套创造了必要条件。

2000年以来，由柳工、常林、彭浦、黄工、黄挖、成工、鞍山一工等企业积极参与了高海拔特种工程机械的研究和试制。目前已经有多项市场应用量大、应用面广的高原特种机型试制完成，在海拔4200.00m青藏铁路沿线西大滩试验点进行实地试验，已取得的数据表现出强劲的高原适应性。各项性能指标均控制到了基本型同机型低海拔指标的5％之内，此结果是前所未有的，也是国外同等普通型设备所达不到的，多种机型通过了机械工业高原工程机械产品质量监督检测中心检验认证。

目前，参与高原特种工程机械研发，已成为企业为西部开发所进行的产品创新的热点。在原有的参与厂家继续扩展高原品种的同时，湘潭江麓、上海金泰、徐州重工等多家制造业也积极参与，为向高原工程提供合格的施工设备而做好了前期准备。

高原型特种工程机械是在高原技术理论基础上发展的，是高原技术基础理论与品牌产品的实践，这就是工程机械的技术创新。在世界上最严酷的大气环境下，达到正常环境同等生产能力本身就是科技转化为生产力的成功，是企业产品的进步，也是高原用户的期望。

西部大开发给工程机电行业带来了良好的机遇，同时受到了行业各企业的积极响应。事实证明，经过共同努力，通过青藏铁路的建设经验，为工程提供性能优良、环境适应性强的高海拔特种成套工程机电设备的目标已经成为现实。

2.3 高原环境对工程机械的影响

2.3.1 受高原环境影响的工程机电设备及材料种类

（1）内燃机械及以内燃机为动力的机械。①内燃机及燃气轮机；②铲土机械；③载重运输车辆；④挖掘机械；⑤压实、桩工、路面机械；⑥矿山机械；⑦工程起重机械；⑧凿岩及气动机械；⑨发电机组等。

（2）大型专用设备。隧道掘进机，大型渡槽、桥式倒虹吸施工成套设备，大型混凝土拌和机械等。

（3）电工产品。①各类电气设备；②电控开关、继电器等；③铅蓄电池；④绝缘材料；⑤高压电器；⑥通信电缆等。

（4）以空气为介质的其他机械。①风机类；②空压机；③锅炉类。

（5）金属材料及防护，非金属材料及橡胶件、密封件、高压软管抗老化性，润滑及传动油料和黏温性等。

2.3.2 高原环境对工程机电设备运行及可靠性的影响

2.3.2.1 对动力系统的影响

（1）气缸内充气量减少，过量空气系数下降，可燃混合气过浓，燃烧状况恶化，后燃现象严重。柴油机动力性能和经济性能变差，热负荷增加。

（2）冷却风扇重量流量减小，冷却水沸点降低，导致散热能力下降，热负荷进一步增加。

（3）压缩终点压力与温度下降。机油黏度增大，起动阻力矩增加，蓄电池容量降低，致使内燃机低温起动困难。

（4）空气滤清器滤清效率下降，进气阻力上升快，储尘能力降低，使用寿命缩短。

（5）废气中炭烟、未燃烃（HC）、CO、醛类等有害物排放量大大增加，NO_x 含量略有下降，排气烟度增大。

（6）燃烧室积炭严重，柴油机早期磨损，可靠性和寿命降低。

（7）增压柴油机增压器与内燃机匹配运行线发生变化，压气机效率降低，增压器出现超速，低速喘振的趋势增加，扭矩特性变差。

（8）风冷发动机由于进气量和冷却风量均受空气密度下降的影响，功率下降，热负荷升高的情况更加突出。

（9）非增压柴油机工作特性变化。

1）海拔 1000.00m 以上，供油量不变的条件下，柴油机功率、扭矩几乎与大气压成正比例下降，在低速范围内下降趋势略高于高速范围，具体情况见表 2.3-1。日本小松工程机械公司曾经作了海拔对多种工程机械发动机功率的影响试验，试验结果如表 2.3-2。

表 2.3-1　　　　海拔每升高 1000.00m 非增压柴油机性能参数变化值

环境条件		功率扭矩/%	油耗率/%	冷却水的沸点/℃	热强度/%	冷却水的散热量/%
大气压力/%	大气温度/℃					
−9	−6.5	−（8~13）	+（6~9）	−8.8	+（2~5）	−（8~10）

表 2.3-2　　　　　海拔与发动机功率的关系表（小松公司设备）

机械名称	机械型号	发动机型号	不同海拔发动机功率的折减系数					
			0~750.00m	750.00~1500.00m	1500.00~2300.00m	2300.00~3000.00m	3000.00~3800.00m	3800.00~4600.00m
推土机	D21A−7	4D94E−1	100	100	100	—	—	—
	D65E−12	6D125E−2	100	100	100	—	—	—
	D155A−2	SA6D140E−2	100	100	100	100	90	82
	D155A−5	SA6D140E−2	100	100	100	100	97	83
	D155AX−5	SA6D140E−2	100	100	100	98	89	80
	D375A−5	SA6D170E−3	100	100	100	93	84	75
	D475A−3	SDA12V140−1	100	100	100	100	100	93

机械名称	机械型号	发动机型号	不同海拔发动机功率的折减系数					
			0～750.00m	750.00～1500.00m	1500.00～2300.00m	2300.00～3000.00m	3000.00～3800.00m	3800.00～4600.00m
平地机	GD511A－1	S6D95L－1	100	100	100	95	—	—
挖掘机反铲	PC200/LC－7	SAA6D102E－2	100	100	100	100	90	85
	PC270/LC－7	SAA6D102E－2	100	100	100	95	90	85
	PC300/LC－7,PC350/LC－7	SAA6D114E－2	100	100	100	93	82	75
	PC600/LC－6,PC650－6	SA6D140E－3	100	100	100	92	85	76
	PC800－6	SDA16V160	100	100	100	100	96	86
正铲挖掘机	HD785－5,HD985－5	SA12V140－1	100	100	100	95	85	75
	HM400－1	SAA6D140E－3	100	100	100	100	100	100
装载机	WA320－3	SA6D102E－1	100	100	100	95	85	73
	WA380－5	SAA6D114E－3	100	100	100	96	87	80
	WA470－5	SAA6D125E－3	100	100	100	98	95	92
	WA500－3	S6D140E－2	100	100	100	93	86	80
	WA500－3	SA6D140E－3	100	100	100	98	91	85
	WA600－3	S6D170E－2	100	100	100	93	85	80
	WA600－3*	SAA6D170E－3	100	100	100	100	100	100
	WA700－3	SAA6D170E－2	100	100	100	100	93	87
	WA700－3*	SAA6D170E－3	100	100	96.5	92	84	76
	WA800－3,WA900－3	SA12V140－1	100	100	100	95	90	80
	WD500－3	S6D140E－2	100	100	100	93	86	80
	WD600－3	SAA6D170E－3	100	100	100	100	100	100
	WD900－3	SA12V140－1	100	100	100	95	90	80

2）特性最大扭矩点，最低油耗点转速随海拔高度增加向高速移动。柴油机的后备扭矩、扭矩适应性系数及速度系数均减小，柴油机稳定工作转速范围变窄，低转速区油耗率上升较快。

3）随海拔高度的增加，过量空气系数减小，燃烧过程发生变化。压缩终点压力、温度均下降，最佳喷油提前角增大，后燃期燃烧量增加，放出的热量不能有效利用。耗油率、热负荷增加，当海拔高度接近3000m时，过量空气系数 $\alpha<1$，动力的发挥受冒烟极限和热负荷的限制，功率、扭矩与大气压力呈非线性关系下降，海拔愈高，下降幅度愈大，柴油机工作性能愈差，以致很难维持正常工作。

4）冷却介质（水）沸点降低（见表2.3－3），冷却水套散热量减小，冷却系沸腾空气温度下降,柴油机散热能力下降。

表 2.3-3　　　　　　　海拔每升高 1000.00m 冷却水沸点降低变化值

海拔高度/m	0	1000	1500	2000	2500	3000	3500	4000	4500	5000
冷却水沸点/℃	100	96.6	95.0	93.3	91.7	90	88.4	86.9	85.3	84

(10) 增压柴油机工作特性的变化。

1) 增压柴油机动力性、经济性下降规律为海拔在 2500.00m 以内时,海拔每升高 1000.00m 下降 1%～2%,2500m 以上海拔每升高 1000m,下降 3%～8%(见表 2.3-4)。

表 2.3-4　　　　　　　海拔每升高 1000.00m 增压柴油机性能参数变化值

功率、扭矩/%	油耗率/%	增压器转速/%	空燃比/%	涡轮前排温/%	热强度/%	冷却沸温/%
-(1~8)	+(1~6)	+(6~8)	+(6~7)	+(30~40)	+(2~4)	-(7~9)

2) 随着海拔高度增加,柴油机与增压器匹配运行线向增压器高转速、高压比方向移动,并逐渐向喘振线靠拢,低速大负荷状态穿过喘振线的可能性增加,排气温度和增压器转速增加。

3) 柴油机外特性最大扭矩点转速与最低比油耗点转速向高速方向移动,且变化程度较非增压柴油机明显。低速不稳定性增大,扭矩适应性变差。

4) 当海拔接近 3000.00m 时,由于散热能力下降,排气温度和热负荷升高,使冷却系统负荷与散热能力严重不适应,涡轮进口温度超温,增压器超速的程度增加,尤其不带中冷器的柴油机更为严重。对于增压柴油机而言,热负荷增高和增压器超速是限制高原最大功率发挥的主要因素。

5) 在中、低速范围内,扭矩下降速度比非增压柴油机为快,扭矩特性显著恶化,稳定工作范围变窄,低转速区油耗率迅速上升,烟度增加。

2.3.2.2　对整机性能的影响

(1) 整机匹配性能和动力性能的变化。

1) 以全程调速器的发动机与双涡轮液力变矩器相匹配,在高原条件下,发动机外特性随海拔升高而下降,使整机所有原设计匹配点的转速和扭矩相应下降。在标准举升载荷下,液压系统对发动机产生的负荷是一个定值,不会因海拔高度的增加而发生很大变化,但由于高原环境条件的影响,液压系统与发动机的匹配性能发生变化,动作时间随海拔高度增加而趋向迟缓,以致于在海拔 3000.00m 左右进入不能有效举升额定载荷的临界状态。高原条件下,整机动力输送的新的工作点扭矩,转速较原设计大大下降,扭矩的下降使机械力量不足,作业速度下降。扭矩、转速下降的共同影响恶化了匹配性能,造成整机动力性、速度性、经济性及生产效率的严重下降。

2) 高原环境对工程机械性能的影响分液力传动和机械传动两种类型,对液力传动和机械传动两种类型的工程机械都有影响。

液力传动型车辆,受发动机外特性下降和匹配失准的双重影响,其牵引性能变化比较复杂、剧烈,表现为无力、发热和油量消耗增大。

机械传动型车辆，受发动机功率下降影响，机械性能下降，重载工况下，为强行满足工作负荷，将发动机工作点压向低速大扭矩方向，造成了同等运载条件下运行速度的严重下降和排放的极度恶化。

总之，以上两种传动方式的工程机械，发动机外特性受高原影响大，而调速特性受高原影响相对较小，所以，整机牵引性能严重下降。

（2）传动系统热平衡的变化。在高原地区，液力传动型机械由于匹配性能恶化，除不能充分利用和发挥发动机最大功率外，传力不足和低效传动，使相当一部分功率内损而转换为热量。高原地区散热能力差，作业油温普遍增高，运行油温经常超过规定值，所以，对高原工程机械的液力散热系统需进行重点改造，使其具有较宽的环境温度适应范围（−30～40℃）和海拔高度适应范围（海拔2000.00～5000.00m）。

（3）高原低温启动性能的变化。工程机械整机低温冷启动主要分为三个方面。

1）配套发动机的高原低温起动性能。西线工程最低温度一般在−24～−36℃，但起动是在低温而缺氧条件下完成的。由于气压的下降，导致充气量减少，使得压缩终点的压力和温度降低，发动机着火延迟期增加，起动困难程度超过低海拔同一温度。

2）起动蓄电池的低温特性。蓄电池工作能量的下降也是影响起动性能的重要因素。一般蓄电池的标称容量是以30℃放电10h的能量来确定的，当温度低于30℃时，每降低1℃，电池容量降低1%～1.5%（缓慢放电时），在−30℃条件下，蓄电池容量仅为30℃容量的40%。当所选用的蓄电池容量较小，而起动力矩大时，蓄电池剧烈放电，加速了单位时间内活性物质同硫酸的反应，蓄电池温度增高，极板因过负荷而弯曲，活性物质大量脱落，极易造成早期损坏。

另外，低温下充电能力下降，在正常情况下放电50%的蓄电池，经过6h充电可达额定容量，而在−10℃时，同样放电程度的蓄电池只能充到60%的额定容量，且温度愈低充电能力愈差。

3）整机各系统部件的起动随动性能。对整机的起动来讲，环境温度对油液黏度的影响，使传动系统各泵和矩器泵轮的负荷大为增加。强行起动，将造成诸多弊端：发动机缸内冷态磨损加剧；蓄电池放电强度大，寿命大为降低；低温超负荷运行使起动机零部件多次承受冷态起动负荷，损坏率升高。

2.4 工程机电设备高原环境适应性关键技术

工程机械高原适应性研究的最终目标是通过一切有效的技术手段使设备在高原大气条件下恢复标准大气条件下的设计性能指标，从而全面保障机械的环境适应性、可靠性、耐久性和工作效率。

2.4.1 功率恢复型的增压技术

普通型的增压柴油机是以强化现有柴油机功率，降低比功率，缩小外型尺寸、降低燃油消耗率、降低生产及使用成本、用衍生变型品种的办法来增加对主机的功率配套的覆盖面为目的的。它通过调整供油系统（增加循环供油量，调整喷油提前角等措施），限制机械负荷和热负荷来实现，在高原地区使用功率和经济性指标仍然会下降并产生增压器转速升高、匹配喘振线右移、阻塞区左移、流量范围变窄、压气机工作范围缩小等问题。大量的试验证明：热负荷的急剧增加和增压器的严重超速是影响增压柴油机可靠性的最重要的因素。

高原功率恢复型增压技术，主要是对自然吸气型和增压型柴油机在高原大气状态进一步变化功率下降的情况下采取增压措施，在某一设定的海拔内，使柴油机功率及经济指标、热负荷指标恢复到原机低海拔标定水平。它通过提高增压压比，满足高原海拔条件下气缸充气密度，以提高过量空气系数，达到缸内燃油充分燃烧，恢复平均有效压力及恢复功率的目的。除在匹配时给予共同工作点以最高效率与额定转速的足够余量外，对增压器性能及结构也有相应的要求。降低柴油机热负荷为主要的辅佐手段。

良好的高原功率恢复型增压匹配，可以使柴油机动力性、经济性、可靠性指标完全恢复到原基本型柴油机低海拔水平，且在某一海拔高度内保持性能的基本衡定。

2.4.2 中冷器及其应用

空气被压缩以后，温度与压力将同时提高，增压压比大于 2 时，充气温度将达到 140℃以上，使柴油机热负荷大为上升。增压柴油机采取中冷后，充气温度降低、密度增加，柴油机的功率提高并改善经济性和热负荷，最高燃烧温度、循环平均温度、排气温度、缸盖温度都会显著下降。试验表明，进气温度每降低 10℃可提高功率 2%～3%。因此，中冷技术是提高柴油机功率、降低燃油消耗、改善热负荷的有效而且经济的措施之一。

2.4.3 热平衡技术

解决液力系统高原冷却问题，要与柴油机恢复功率一起综合考虑。即要控制柴油机因增压产生的热负荷升高，又要控制传动散热系统因高原散热能力下降引起的温升，在进行系统热平衡计算时，一般重点考虑以下要素：即冷却风量、空气重度（海拔）、环境温度、散热器的散热能力、风扇转速、风扇几何参数、换热介质平均温差、与材料有关的传热系数等。液压传动系统的热平衡及冷却性能应根据机种不同给予分别考虑。

2.4.4 高原低温起动

由于高原对低温起动三个方面的影响（实际上是四种因素的影响，即气压、气温、蓄电池的能力、起动负荷）及高原增压柴油机增压器对发动机起动进气的阻滞作用，高原增压型工程机械低温起动条件比较严酷。目前，低温措施有许多种，但是真正在高原地区使用效果非常好且可靠性比较高的措施很少。

2.4.5 高原工程机电设备材料及其选用

（1）金属材料。高寒地区使用的工程机械，在设计中合理地选择耐低温材料、采取正确的结构形式及焊接、热处理工艺等，对于消除结构件内应力、使金相组织均匀、提高金属材料的冲韧性和降低材料的冷脆性极为重要。

1）材料的选择。对于工程机械的工作臂、斗杆、铲斗、斗齿和车架等结构件所用金属材料，除应满足强度要求外，还需考虑低温下冲击韧性和脆性破面率两项指标。

2）要注意提高焊接、热处理等工艺技术，从而提高高原工程机械材料的耐低温性能。

（2）低温橡胶及密封件。密封件及橡胶管件使用的耐久性、抗破损性远远低于低海拔使用水平，尤其是冬夏季均处于露天停放的工程机械，此类问题尤为突出。主要有下列三个方面的问题：

1）密封件的低温老化；

2）橡胶管件的高原紫外线照射的龟裂老化；

3）高原低气压条件下的疲劳、暴裂。

（3）动力油和润滑油。正确的选用各种油料：油料（柴油、机油、液压油、齿轮油、变矩器油、润滑油）的选择对高原施工设备是至关重要的，选择不好会直接导致机械设备的加速磨损或不能正常启动。

1）动力油要求闪点高，凝点低，黏温性能变化小，抗氧、抗腐、防锈和抗泡。

2）润滑油要求黏温性能稳定，以保证低温条件下良好的润滑性能和高温条件下较高的油膜强度。

3）对于高原增压型工程机械，由于柴油机热负荷高，机械负荷大，工作条件苛刻，因此要求所用润滑油除具有上述特点外，还应具有良好的低温分散性能。

2.4.6 驾驶室与人机工程

高原地区缺养环境使驾驶员所能承受的最大劳动强度仅为平原地区的 $40\%\sim60\%$，工作的持续性和耐久性更差，因此，工作条件和健康安全措施显得更加重要，这主要体现在驾驶室的设计上。主要有下列要求：①良好的密封性；②保温采暖性能；③除霜性能；④防紫外线辐射；⑤新鲜空气交换性能；⑥微增氧功能；⑦驾驶舒适性等。

以上要求全部满足，构成高原工程机电设备突出的关键技术。

2.5 机械设备管理

2.5.1 维修保养

机械设备前期管理重在选型，日常管理重在维修保养，实践证明机械设备维修保养的力量是否过关是保障施工生产能否顺利进行的重要因素。高原施工对机械设备的损坏是很严重的，设备故障较平原施工要高出许多。因此，为了保证机械设备的完好率、提高设备出勤率，应成立机械设备紧急维修队和专业机械队。紧急维修队可配备一定数量的人员，由技术过硬、责任心强的骨干组成。紧急维修队配备越野车辆、工程设备修理车。主要负责野外车辆、设备的紧急抢修，以及各处机械设备的疑难故障处理，平时也可以对机械设备的日常维修保养进行指导监督，加强对机械设备的技术管理。要成立专业机械队，对机械设备实行集中使用管理。机械队要有修理班组，负责一般性的故障诊断维修以及设备的日常维修保养。

2.5.2 后勤保障

为了防止劣质的机械配件和油料进入施工现场，同时降低配件的库存，应当设立统一的配件库及油料（柴油、机油、液压油、齿轮油、变矩器油、防冻液）供应场，配件和设备所用油料统一从正规的供货渠道购进，以防止采购的不正之风和以次充好的现象发生。

2.5.3 统一调度、宏观协调

为加强机械设备的施工能力、提高利用率、养活购置量，对机械设备应实行统一调度，减少闲置。要强化统一协调权力。

2.5.4 设备冬季使用、保养

低温条件下，燃油黏度增加不利于燃油的雾化与燃烧，润滑油黏度增大流动性变差，使各运动零部件阻力增大，同时，蓄电池工作能力受冬季降低等因素影响，极易导致发动机启动困难，机体加速磨损，功率降低，燃料消耗增加和动力性能下降。

（1）设备的启动。

1）加注冷启动液。启动液是一种辅助启动燃料（由乙醚、低挥发点的碳氢化合物和带有添加剂的低凝点机油组成），其中加入的带有添加剂的低凝点机油可改善气缸壁的润滑条件，达到启动目的。乙醚具有较好的挥发性，易点燃和易压燃，因此，乙醚的含量越多，柴油机可直接启动的温度就越低，但启动时柴油机的工作粗暴程度也就会越大。注意下列内容：①使用冷启动液时一定要按定量加注，切不可过量加入；②使用冷启动液可以迅速启动柴油机，但由于机油的温度低，黏度太大，启动后一段时间内机油上来不太多，润滑条件恶劣，柴油机工作时机体内作往复运动和回转运动的机件摩擦加剧。使用冷启动液启动发动机后切忌加大油门运转；③选取雾化情况较好的启动液，并控制好喷射时间、喷入位置和喷入量，切忌从空滤器进口直接喷入启动液，以免影响空滤器的滤芯质量和加大启动液的喷入量，造成柴油机冷机启动运转超速。

2）充分利用现有设备的低温预热设施。目前设备均安装有电预热系统或乙醚启动装置，电预热系统向气缸中供应热量使得压缩温度足以点燃燃油。在实际情况中，采用一种火焰预热装置的最低工作温度为－40℃，工作过程为电子自动控制，火焰预热装置一般由电子控制器、电磁阀、温度传感器、火焰预热塞及燃油管和导线组成。该装置工作原理：将电热塞加热到850～950℃，接通起动机，电磁阀自动打开油路，通过燃油管向电热塞供油，进行火焰预热启动，采用此装置启动发动机后，与前文所述用启动液启动柴油机后相同，忌加大油门运转，否则易造成拉缸事故。

采用一种进气空气预热器，预热设备包括一个将燃油泵入进气歧管中的手油泵和一个将电热塞电路接通的开关，电热塞由蓄电池通电加热，燃油在进气歧管中燃烧以加热吸入的空气。

3）合理选用蓄电池，启动柴油机。冬季，由于气温降低蓄电池性能也大大下降，当蓄电池电解液的温度降到－15～－20℃时，蓄电池的容量较15℃时减少30％～35％，因此蓄电池的保温也非常重要。可将蓄电池安装在双层木板的保温箱内，木板之间填满隔热材料。冬季选用低温高能蓄电池，为确保能正常工作，冬季蓄电池的容量为通常蓄电池容量的2～2.5倍。

（2）设备的冬季日常保养。

1）设备各种用油的选取。①柴油的选取。冬季来临前应先对燃油进行换季保养，以柴油的凝固点低于环境最低温度3～5℃为原则来选取柴油，保证最低气温时柴油不因凝固而影响使用；②润滑油的选取。润滑油的选取应与环境温度相适应，考虑在环境温度最低时润滑油仍能发挥其润滑要求，润滑油在高温下要有足够的黏度，保证发动机在运转时的润滑，又要考虑在低温下黏度不过大，保证机油泵能吸上油，来保证低温启动性。

2）换油时间的控制。长期以来，国内设备换油周期凭经验确定，一般工作200～300h换油，工作环境恶劣时，适当缩短换油时间。其缺点为：第一浪费太大，换油时间一到，不管油品质量是否好坏，就进行更换；第二如果环境因素使油品变质，而未到换油时间，可能引起抱瓦、拉缸等设备事故。

为此配备了油液质量检测仪，每周进行检测，分单机单车单独建立油液档案，根据实测结果来决定是否进行附属油更换。

3）设备的日常保养。①冬季来临前，对整车进行一次彻底的保养，更换所用燃油、附属油、防冻液；②适当缩短柴油滤芯更换周期，由于气温的降低造成柴油黏度增加，使柴油滤芯的使用寿命缩短；③对于无油水分离器的设备，每天工作完毕后放完柴油箱下部的积水，防止结冰；油水分离器应每天进行放水一次；④冷车启动后，忌大油门运转，应怠速运转至发动机温度正常后，才可以进行工作；⑤配足冬季设备出现的易损件如油管、密封圈。

2.6 高原工程施工人机效率实例

2.6.1 青海省盘道工程施工人工效率

根据曾在陕西洋县（海拔 700.00m）和青海盘道（海拔 2900.00m）分别承担浆砌石重力坝施工的陕西省水电工程局（简称陕工局）统计分析资料，同样的施工队伍、同样的砌石技工、同样的工作内容，在洋县工地每人平均每天可砌石 2.5～3m³，在盘道工地一人一天只能砌石 1.5m³，工效降低约 50％。

2.6.2 西藏楚松水库机械效率实例

陕工局在西藏楚松水库工地（海拔 4200.00m）有 1 台 1m³ 反铲挖掘机，挖土方效率为 400m³/班，运回内地后在陕西三原西郊水库（海拔 450.00m）同样是挖土方，同一操作手，效率为 800m³/班，效率提高 1 倍。由此可见高原寒冷环境对人机效率的影响。

2.6.3 其他高原工程人机效率统计

其他高原工程人机效率统计见表 2.6-1。

表 2.6-1　　　　国内部分高原水利工程人机效率表（平原地区为 100％）

工程名称	所在地	平均海拔/m	人工效率/%	机械效率/%
楚松	西藏日喀则	4200.00	70～75	70～80
满拉	西藏日喀则	4200.00	60～70	60～75
查龙	西藏	4300.00	50～70	50～65
羊湖	西藏	4400.00	50～65	50～65

2.7 南水北调西线工程机械设备选型建议

（1）通过重点工程项目的建设拉动内需，是中央推动国民经济全面发展的战略思路。西线工程施工机械设备的选型，首先应立足于国内，认为进口设备一概优于国内设备的观念，将施工设备环境适应性的认识引入了一个误区。实际上，多数进口设备适用范围为海拔 3000.00m 以下，海拔 4000.00m 以上没有解决的设备使用问题依然存在。在高原地区坚持施工的一些进口设备，事实上是以降功率、牺牲使用寿命与可靠性为代价的。在海拔 4000.00m 地区，使机械各种性能指标和生产率达到低海拔正常值，国产、合资产品与任何进口机械相比毫不逊色。

（2）为满足西线工程施工需要，一些特殊的、我国无型可选的重大装备可考虑进口，但应向外方提出明确的使用环境条件。

（3）高原大气环境对设备性能的影响较大，内燃机能够适应高原环境只是解决了工程机械在高原环境下施工的一个问题，应全面考虑设备适用性。南水北调西线工程是有影响力的巨型工程，要求厂家重视和珍惜企业声誉和品牌，将前期工作做好。一旦适应性问题解决不周全，造成设备难以正常使用，贻误了工程进度和施工季节，给工程和企业造成了影响将难以弥补。

（4）在对产品适应性技术实施时，需重点进行下列几个方面的工作。

1）优选、配套经过海拔 3500.00m 实地检测的性能优良、可靠的功率恢复型增压柴油机。内燃机企业应对机器配置，相应的供高原环境使用的高效空滤器及可靠性好的起动马达。

2）对水、油冷却系统的冷却能力进行调整。

3）配置优良的低温起动装置和低温电瓶，并对电瓶进行保温防护。

4）解决好驾驶室的保温、采暖、除霜、紫外防护及新鲜空气交换性能。

5）有条件的产品应考虑对外露的橡胶管件进行紫外防护，并提高耐压等级。

6）合理规范的使用各种润滑油、燃油、油脂及防冻和起动液。

7）机械设备的各系统要尽可能提高免维护率，降低保养维修难度。

（5）企业应做好售后服务工作。在离工程区最近的地区设立强有力的售后服务站点是必不可少的，力争达到具备 24h 内到达现场解决问题的能力也是十分必要的，甚至可以认为是否具备售后服务的能力，将成为设备选型的前提条件。

（6）鉴于南水北调西线工程施工的特殊环境，具有海拔高、气温低、土石方工程量大、工期紧、机械化程度要求高的施工特点，新上场的机械设备 80％ 应为新购设备。为了维修保养方便，减少配件库存，降低机械设备的修理难度，对所有设备要统一选型、集中招标，尽量减少同种机械设备的型号。机械设备维修方便是任何工程的设备配置原则，但在西线工程上要有更严格的要求。设备出厂时，由厂家统一对机械设备进行适应高原气候的调整。施工完毕后再统一由厂家技术人员将机械设备调整到适应平原的状态。

选用高原型专用工程机械，以提高高原使用工效和耐久性。目前，国内众多机械制造厂商，与西宁高原工程机械研究所联手，研究出了一系列高原型工程机械如推土机、装载机、挖掘机、振动压路机等，在青藏线使用中取得了较好的效果。

选用品质卓越服务规范到位的世界知名品牌机械，另外从使用和维修保养的角度出发，设备品牌不宜太多，一般主要设备不超过三种品牌。

（7）由于高原缺氧及低温对油动设备和风动设备的影响较大，在条件许可的情况下尽可能用电动设备来代替油动设备及风动设备是非常必要的。因而研制和开发新一代大量的电动设备是十分必要的。

2.8 南水北调西线工程推荐采用的工作时间及机械效率系数

根据高海拔对人工机能影响的分析，结合已建类似高程工程实际采用班组情况和本工程实际海拔，本着"以人为本，关爱健康"的宗旨，南水北调西线工程拟采用用四班作业制，每班工作 6h，确保人工体力能有效恢复。

根据对青海盘道、西藏查龙和楚松等工程人工、机械实际功效影响统计分析，结合南水北调西线工程实际海拔情况，建议现阶段人工效率系数按 75％考虑，工程机械效率系数按 80％考虑。

3 高原寒冷地区堆石坝有效施工时段分析

工程有效施工时段受制于工程所在地的气候条件，也与土石方、混凝土的质量要求息息相关。

3.1 国内部分堆石坝施工有效时段实例

南水北调西线工程区气候特征与国内部分高原寒冷地区堆石坝气候特征、施工时段统计比较见表3.1-1。

国内部分面板坝面板混凝土浇筑时段见表3.1-2。

表 3.1-1 西线工程区气候特征与国内部分高原地区堆石坝气候特征、施工时段统计表

工程名称		所在地	平均高程/m	坝型	多年平均气温/℃	最低气温/℃	土石方时段/月	混凝土时段/月
西线工程	枢纽1	四川甘孜	3527.00	面板堆石坝	5.6	−28.7		
	枢纽2	四川甘孜	3604.00	沥青心墙坝	5.6	−28.7		
	枢纽3	四川甘孜	3598.00	面板堆石坝	5.6	−28.7		
	枢纽4	四川色达	3747.00	面板砂砾石坝/混凝土重力坝	0	−36.3		
	枢纽5	四川壤塘	3539.00	沥青心墙坝	4.8	−23.5		
	枢纽6	青海班玛	3538.00	面板堆石坝	2.6	−25.9		
	枢纽7	四川阿坝	3470.00	土心墙堆石坝	3.5	−33.9		
公伯峡		青海湟中	1980.00	面板堆石坝	8.66	−19.9	1~12	2~11
龙首二级		甘肃黑河	1900.00	面板堆石坝	8.5	−33	4~11	5~10
白杨河		甘肃玉门	2500.00	面板堆石坝	5.1	−27	3~11	4~10
楚松		西藏日喀则	4200.00	面板砂砾石坝		−20	3~11	4~10
满拉		西藏	4200.00	土心墙堆石坝	4.8	−22.6	4~11	5~10
查龙		西藏	4200.00	面板砂砾石坝	−1.9	−41.2	4~11	5~10
卡浪古尔		新疆塔城	1000.00	面板砂砾石堆石坝	−0.4	−40.5	4~11	5~10
黑泉		青海大通	2890.00	面板砂砾石堆石坝	2.8	−33.1		
莲花		黑龙江海林		面板堆石坝	3.2	−45.2		

从表3.1-1可以看出西线工程区平均海拔3470.00~3750.00m，比青海的公伯峡工程、甘肃的龙首二级和白杨河工程、新疆的卡浪古尔工程高程高出约1000.00~2000.00m，从气压和含氧量来说，南水北调西线工程施工比以上工程具有劣势；而工程

区比西藏的楚松、满拉、查龙工程高程低 600.00～800.00m，从气压和含氧量来说，南水北调西线工程比以上工程具有优势。从气温上看，工程区多年平均气温 0～5.6℃，最低气温－23.5～－36.3℃；其他已建工程多年平均气温－1.9～8.66℃，最低气温－19.9～－45.2℃；除了查龙、卡浪古尔、莲花最低气温较南水北调西线工程低外，其他工程多年平均气温与西线工程区气温大致相当，最低气温与西线工程区也大致相当或略高于西线工程区区气温，说明西线工程区气候条件还比较恶劣，冬季施工时需充分考虑这些因素。

从已建工程施工时段统计结果看，高原寒冷地区水利工程由于受高原低压缺氧和寒冷低温影响，面板坝土石方和混凝土工程的施工时段大多无法全年施工。受技术、经济和气候条件制约以及从"以人为本，关爱健康"原则考虑，均选取工程所在地较适合的月份进行施工。

表 3.1-2　　　　　　　　　　国内部分面板坝面板混凝土浇筑时段

工程名称	Ⅰ期面板/(年.月.日)	Ⅱ期面板/(年.月)	Ⅲ期面板/(年.月)	备注
公伯峡	2004.3.15～2004.6.3			面板一次浇筑
白杨河	2001.4.26～2001.7.16			
楚松	1998.5.2～1998.10.18			面板一次浇筑
莲花	1996.5～6	1997.9	1998.10	
卡浪古尔	2002.5.12～2002.8.11			面板一次浇筑
黑泉	1999.6.29～1999.8.20	2000.5～7	2001.5～7	

由表 3.1-2 可以看出，寒冷地区面板坝面板混凝土施工一般安排在 5～8 月，个别工程的面板安排在 3 月、4 月、9 月、10 月施工，说明面板混凝土施工时段不但与施工度汛有关，更重要的是浇筑时间应适应当地的气温。

3.2　冬季施工的可能性分析及施工方法

3.2.1　冬季施工的必要性

由于冬季施工存在成本大质量难以保证等诸多问题，应尽量避免安排在冬季施工，尤其是混凝土工程。但在南水北调西线工程高海拔地区，全年有 3～4 个月甚至更长时间气温在 0℃以下，极端负气温在－24～－36℃以下，基础设施建设在漫长的冬季如不安排施工，势必使大量的工程机械设备停置，劳力窝工，更主要的是影响工程进度，延长工期，工程的社会经济效益不能提早发挥。另外，西线工程建设的特殊阶段必须安排冬季施工。如拦河大坝工程截流后，抢筑围堰高程、大坝基础开挖工作以及坝体度汛抢拦洪高程等都是要在一个枯水季节完成。南水北调西线工程位于寒冷地区，枢纽工程一般截流时间都是安排在汛末或非汛期初期，截流后即进入冬季，如果放弃冬季施工，往往要待第二年 4 月解冻之后复工，5 月就进入春汛期，非冬季施工强度将会大大增加。如安排冬季停工，那么要在如此短的时间内要完成庞大的填筑工程量以达到设计抵御某频率的洪水高程是十分困难的，工程施工中将会遇到许多意想不到的因素，对现场管理等提出了更高的要求。因此，就水利水电工程特点而言，部分工程避免不了冬季施工。新疆几个水利枢纽工程冬季施工的实例见表 3.2-1。

表 3.2-1 　　　　　　　　　　　新疆几个水利枢纽工程冬季施工实例

工程名称	截流时间/(年.月.日)	冬季施工项目	施工时间/月	极端气温/℃	备注
乌鲁瓦提面板坝	1997.9.2	围堰填筑、坝基开挖	12~3	-24	
635引额济乌	1997.9.25	导流洞开挖及混凝土衬砌	1~3	-40	非正常施工
哈巴河山口电站	1993.11.18	导流洞开挖	12~3	-40	非正常施工
恰甫其海大坝	2002.10.8	沥青混凝土心墙围堰填筑	12~3	-27	
吉林台	2002.9.15	厂房高边坡及基坑开挖、表孔泄洪洞、深孔泄洪洞和发电洞洞挖	12~3	-39.9	非正常施工

3.2.2　影响冬季施工的气象因素

高原寒冷地区影响冬季施工的因素较多，主要的气象因素是：

（1）气温。气温是影响冬季施工的基本因素。温度越低，人工和机械效率越低，保温设施复杂，各项费用增大。在进行冬季施工准备时，需了解工程地点历年冬季气温变化资料，负气温的起止日期和极端气温出现日期，以便确定冬季施工的期限和相应的保温措施。

（2）风速。在南水北调西线高原寒冷地区，伴随严寒进入风季。在同样气温下，强风使得气候更加恶劣，飞砂走石，破坏保暖设施。因而应收集施工所在地历年冬季最大风速发生的时间，以便确定对策。对于特别恶劣的强风暴天气，应该停工。

（3）寒潮。高原寒冷地区冬季经常处于大陆冷空气流控制之下，常有寒潮袭击，造成日气温变化无常，昼夜温差极大，影响正常施工。因此，冬季施工除掌握当地历史上寒潮发生情况外，更要及时和当地气象部门联系，掌握寒潮脉搏，在制订施工计划时，充分利用两次寒潮之间的天气，抓紧施工，并对寒潮来袭时有充分的保暖准备。

（4）暴雪。高原寒冷地区随着寒潮的袭击，常夹杂着大雪、暴风雪。1993年冬季，新疆哈巴河山口水电站导流洞施工，降雪厚度达1~2m，工棚压塌、交通中断。因此，冬季施工必须作好防强风暴、强降雪的安全措施。

3.2.3　混凝土工程冬季施工的一般原理

拌和物浇灌后之所以能逐渐凝结和硬化，直至获得最终强度，是由于水泥水化作用的结果。而水泥水化作用的速度除与本身组成材料和配合比有关外，主要是随着温度的高低而变化的。当温度升高时，水化作用加快，强度增长也较快，而当温度降低到0℃时，其中的水有一部分开始结冰，逐渐由液相（水）变为固相（水）。这时参与水泥水化作用的水减少了，因此，水化作用减慢，强度增长相应较慢。温度继续下降，当存在于中的水完全变成冰，也就是完全由液相变为固相时，水泥水化作用基本停止，此时强度就不再增长。

水变成冰后，体积约增大9%，同时产生约2500kg/cm² 的冰胀应力。这个应力值常常大于水泥石内部形成的初期强度值，使受到不同程度的破坏（即早期受冻破坏）而降低强度。此外，当水变成冰后，还会在骨料和钢筋表面上产生颗粒较大的冰凌，减弱水泥浆与骨料和钢筋的黏结力，从而影响抗压强度。当冰凌融化后，又会在内部形成各种各样的空隙，而降低密实性及耐久性。

由此可见，在冬季施工中，水的形态变化是影响强度增长的关键。国内外许多学者对水在混凝土中的形态进行的大量试验研究结果表明，若新浇混凝土在冻结前有一段预养期，可以增加其内部液相，减少固相，加速水泥的水化作用。试验研究还表明，受冻前预养期愈长，强度损失愈小。

化冻后（即处在正常温度条件下）继续养护，其强度还会增长，不过增长的幅度大小不一。对于预养期长，获得初期强度较高（如达到 R28 的 35%）的混凝土受冻后，后期强度几乎没有损失。而对于安全预养期短，获得初期强度比较低的受冻后，后期强度都有不同程度的损失。

由此可见，冻结前，要使混凝土在正常温度下有一段预养期，以加速水泥的水化作用，使混凝土获得不遭受冻害的最低强度，一般称临界强度，即可达到预期效果。对于临界强度，各国规定取值不等，我国规定为不低于设计标号的 30%，也不得低于 $35kg/cm^2$。

3.2.4　混凝土工程冬季施工方法的选择

从上述分析可以知道，混凝土在冬季施工中，主要解决三个问题：一是如何确定最短的养护龄期；二是如何防止早期冻害；三是如何保证后期强度和耐久性满足要求。一般来说，对于同一个工程，可以有若干个不同的冬季施工方案。一个理想的方案，应当用最短的工期、最小的施工费用，来获得最优良的工程质量，也就是工期、费用、质量最佳化。目前，基本上采用以下 4 种方法。

（1）调整配合比法。主要适用于气温在 0℃ 左右环境条件下的混凝土工程施工。具体做法：①选择适当品种的水泥是提高抗冻的重要手段。试验结果表明，应使用早强硅酸盐水泥。该水泥水化热较大，且在早期放出强度最高，一般 3d 抗压强度大约相当于普通硅水泥 7d 的强度，效果较明显；②尽量降低水灰比，稍增水泥用量，从而增加水化热量，缩短达到龄期强度的时间；③掺用引气剂。在保持配合比不变的情况下，加入引气剂后生成的气泡，相应增加了水泥浆的体积，提高拌和物的流动性，改善其黏聚性及保水性，缓冲内水结冰所产生的水压力，提高抗冻性；④掺加早强外加剂，缩短凝结时间，提高早期强度。应用较普遍的有硫酸钠（掺用水泥用量的 2%）和 MS—F 复合早强减水剂（掺水泥用量的 5%）；⑤选择颗粒硬度高和缝隙少的集料，使其热膨胀系数和周围砂浆膨胀系数相近。

（2）蓄热法。主要用于气温在 -10℃ 左右环境条件下，结构比较厚大的混凝土工程施工。做法是：对原材料（水、砂、石）进行加热，使在拌和、运输和浇灌以后，还储备有相当的热量，以使水泥水化放热较快，并加强保温，以保证在温度降到 0℃ 以前使新浇混凝土具有足够的抗冻能力。此法工艺简单，施工费用不多，但要注意内部保温，避免角部与外露表面受冻，且要延长养护龄期。

（3）外部加热法。主要用于气温在 -10℃ 以下环境条件，而构件并不厚大的混凝土工程施工。通过加热构件周围的空气，将热量传给、或直接对构件加热，使处于正温条件下能正常硬化。①火炉加热。一般在较小的工地使用，方法简单，但室内温度不高，比较干燥，且放出的二氧化碳会使新浇表面碳化，影响质量；②蒸气加热。用蒸气使在湿热条件下硬化。此法较易控制，加热温度均匀。但因其需专门的锅炉设备，费用较高。且热损失较大，劳动条件亦不理想；③电加热。将钢筋作为电极，或将电热器贴在表面，使电能变为热能，以提高构件的温度。此法简单方便，热损失较少，易控制，不足之处是电能消耗量大；④红外线加热。以高温电加热器或气体红外线发生器，对进行密封辐射加热。

（4）抗冻外加剂。在－10℃以下的气温环境中，对拌和物掺加一种能降低水的冰点的化学剂，使在负温下仍处于液相状态，水化作用能继续进行，从而使强度继续增长。目前常用有氧化钙、氯化钠等单抗冻剂及亚硝酸钠加氯化钠复合抗冻剂。

在西线工程中，将根据施工时的气温情况，工程结构状况（工程量、结构厚大程度与外露情况），工期紧迫程度，水泥的品种及价格，早强剂、减水剂、抗冻剂的性能及价格，保温材料的性能及价格，热源的条件等，来选择合理的施工方法。根据具体情况，采用上述四种方法的一种、二种，也可能四种方法同时采用。

3.2.5 冬季施工的主要技术措施

（1）技术规范要求。根据设计和施工规范结合工程实践，土方开挖工程在气温 0～－15℃范围，冻土层厚度小于 40cm，可用机械直接开挖。气温过低时开挖体表层可覆盖厚 0.8～1.0m 的松土保温，也可用其他保温材料覆盖使表层不受冻。若冻土层厚度大于40～120cm 范围，必须用爆破法和融冻开挖法进行作业。黏土回填工程，黏土回填时土温不得低于－1℃，砂砾料回填含水不大于 4%，不受负温影响，若有冻块，块径不大于 15cm。

岩石爆破开挖不受负温影响，石方回填在负温条件下不能加水，适当加大碾压功能，并减小铺层厚度。

按照《水工混凝土施工规范》（DL/T5144—2001）的规定，凡工程所在地日平均气温连续 5d 在 5℃以下或最低气温连续 5d 稳定在－3℃以下，必须采取保暖措施才能施工。

（2）冬季施工的准备工作及现场主要防护措施。在冬季施工准备中主要应做好施工计划及组织设计，提前做好物资、机械设备配件和材料的采购，搞好冬季施工的保暖设施。

冬季施工计划。根据工程总体安排部署，确定冬季施工项目。详细了解和掌握当地历史各种气象资料，编制冬季施工计划，制定冬季施工保暖方案，提出冬季施工所需的各种材料、设备物资供应计划。

冬季施工机械设备、物资材料采购。高寒地区冬季时间长，气温低，常会发生大雪封山交通中断的情况，因此冬季施工的机械设备、配件要提前选购，保证冬季施工正常出勤，冬季施工的保暖及保护物资材料应要充足，机械所需的抗冻标号的燃油、润滑油，工程所需的水泥、钢材、混凝土骨料等都要有储备，人工冬季生活资料和劳保用品准备周全。

冬季施工保暖措施。高寒地区冬季施工受气象因素影响大，施工的各项保暖措施一定要认真实施，讲求质量，不得有人为侥幸心理，否则会形成被动，使计划完不成或工程质量无保证。土方工程，不论开挖或填筑，在低气温下施工，土场或开挖地要保暖，运输过程保温，并在现场搭建暖棚，施工过程严格按负温条件作业程序施工，否则质量难以保证。工程主要是解决防冻防裂，因此，供热保暖特别重要。保暖设施复杂，是一个系统工程。骨料、水泥堆存预热，拌和水加热，混凝土拌和站及运输设备保暖防护，浇筑现场保暖及养护设施等。

实践证明，当室外日平均气温低于－10℃时，施工费用比常温施工增加15%以上，同时由于设备、建材、施工各环节出现问题的几率成倍增加，施工效率为常温施工的40%，而且工程质量也容易出现问题。因此，除工程特殊要求外应尽量避免冬季施工。

3.2.6 混凝土浇筑温度热工计算与分析

浇筑在低温或负温条件下养护，不直接与冻土接触的混凝土，其入模温度以5～10℃为宜。

（1）计算条件及公式。计算不同条件下混凝土浇筑温度。计算条件：

1）配合比为符合西线工程混凝土耐久性技术条件的面板混凝土配合比，按照目前设计深度拟定的面板混凝土配合比见表3.2-2。

表3.2-2 混凝土施工配合比

水灰比	砂率/%	每方混凝土材料用量/(kg/m³)						引气剂DH9/%	减水剂KDNOF-1	纤维/(kg/m³)
		水	水泥	粉煤灰	砂子	小石	中石			
0.35	35	12	315	55	654	628	628	0.02	0.75	0.9

2）碎石露天堆放，温度与外界环境温度一致。

3）水泥及外加剂存放暖棚内，温度与拌和棚温度一致。

4）运输环境温度与外界环境温度一致。

计算公式采用《施工技术》（梁润主编，水利电力出版社，1985年）推荐的混凝土热工计算公式。

混凝土浇筑温度决定于拌和机的混凝土出机口温度和运输、浇筑过程中温度的回升或降低。根据混凝土拌和前各原材料的总热量相等，可得到混凝土出机温度：

$$T_e = [(C_s + C_w q_s)\omega_s T_s + (C_g + C_w q_g)\omega_g T_g + C_c \omega_c T_c + C_w(\omega_w - q_s \omega_s - q_s \omega_g)T_w$$
$$/(C_s \omega_s + C_g \omega_g + C_c \omega_c + C_w \omega_w)] \tag{3.2-1}$$

式中　C_s、C_g、C_c、C_w——砂、石、水泥及水的比热，分别取930、837、779和4187，J/(kg·℃)；

q_s、q_g——砂及石的含水率，分别取5%和2%；

ω_s、ω_g、ω_c、ω_w——每方混凝土中砂、石、水泥（包括外加剂）及水的用量，kg，分别取654、1256、370和128；

T_s、T_g、T_c、T_w——砂、石、水泥（包括外加剂）及水的温度，℃；

T_e——混凝土拌和物的出机温度，℃。

混凝土出拌和机后，它的出机口温度经过运输、平仓及振捣将发生变化。如在夏季施工时，由于外界气温较高，所以混凝土浇筑温度比其出机口温度高，如在冬季施工时，则其混凝土浇筑温度比其出机口温度低。这种冷量或热量的损失，随混凝土的运输工具种类、运输时间长短、转运次数及平仓、振捣时间长短而有所不同。根据实测资料，混凝土浇筑温度计算公式为：

$$T_p = T_e + (T_a - T_e)(\theta_1 + \theta_2 + \theta_3) \tag{3.2-2}$$

$$\theta_2 = At$$

$$\theta_3 = 0.003t$$

式中 T_p——混凝土浇筑温度；

T_e——混凝土拌和物的出机温度；

T_a——混凝土运输过程中的环境温度；

θ_1——混凝土装、卸和转运的温度损失系数，每次的损失系数值各为 0.032，如装、卸和转运共 3 次，则 $\theta_1 = 3 \times 0.032$；如只有装、卸共 2 次，则 $\theta_1 = 2 \times 0.032$；余类推。本次计算时不考虑转运；

θ_2——混凝土运输过程中的温度损失系数；

t——混凝土运输于浇筑地点需要时间，min；

A——系数，其值与运输工具的形式、运输工具的容量和运输工具的保温措施有关，混凝土运输工具与系数 A 的关系见表 3.2-3，本次计算取 0.0015；

θ_2——混凝土浇筑运输过程中的温度损失系数。

表 3.2-3　　　　　　　　混凝土运输工具与系数 A 的关系表

运输工具	容积/m³	A	备　注
自卸汽车	1.0	0.0040	
自卸汽车	1.4	0.0037	
自卸汽车	2.0	0.0030	
自卸汽车	3.0	0.0020	如运输工具较大，A 值可酌量减小
长方形卧罐	1.6	0.0022	
圆柱形立罐	3.0	0.0005	
圆柱形立罐	1.6	0.0013	

（2）影响出机温度和浇筑温度的要素分析。

1）拌和水温度变化 1℃ 时，混凝土的出机温度相应变化 0.118℃。

2）砂子的温度变化 1℃ 时，混凝土的出机温度相应变化为 0.3℃。

3）水泥及外加剂的温度变化 1℃，混凝土的出机温度相应变化 0.116℃。

4）混凝土浇筑温度与混凝土出机口温度、环境温度、转运次数、运输时间和浇筑时间均有关系。在出机口温度和环境温度一定的情况下，减少转运次数或不转运、缩短运输时间和浇筑时间，对提高浇筑温度是很有利的。

由规范可知，水泥不得直接加热，使用前宜运入暖棚内存放，所以，在各项措施中，应优先采取提高拌和棚、库房温度措施。通过以上计算分析，由于水的比热为砂石的 5 倍，并且水的加热简单，温度易于控制，因此，在不宜再提高拌和棚、库房温度的情况下，依次采取加热水、砂、石子的措施。

（3）满足浇筑温度的工况。满足浇筑温度的工况见表 3.2-4，从中可以得出：

表 3.2－4

满足入仓温度的各工况表

T_a/°C	T_i/°C →	0					5					10					15				
	t/h →	0.25	0.50	0.75	1.00	1.25	0.25	0.50	0.75	1.00	1.25	0.25	0.50	0.75	1.00	1.25	0.25	0.50	0.75	1.00	1.25
−15	T_w	80	80	80	80	80	80	80	80	80	80	75	75	75	75	80	80	80	80	80	80
	T_s	20	20	25	25	25	15	20	20	25	25	15	20	20	20	25	15	15	15	20	20
	T_e	8.48	8.48	9.98	9.98	9.98	7.56	9.06	9.06	10.56	10.56	7.54	9.04	9.04	9.63	11.14	8.71	8.71	8.71	10.21	10.21
	T_p	5.96	5.43	6.17	5.61	5.05	5.13	5.93	5.39	6.09	5.51	5.12	5.92	5.38	5.32	5.97	6.16	5.63	5.09	5.80	5.23
−10	T_w	75	75	75	75	75	75	70	75	75	80	80	80	80	75	80	70	75	80	80	80
	T_s	10	15	15	15	15	10	10	10	10	15	5	5	10	10	10	5	5	5	10	10
	T_e	7.22	8.72	8.72	8.72	8.72	7.80	7.80	7.80	8.39	9.89	7.46	7.46	8.96	8.37	8.96	6.86	7.45	8.04	9.54	9.54
	T_p	5.37	6.29	5.87	5.44	5.02	5.88	5.48	5.08	5.17	5.96	5.59	5.19	6.07	5.16	5.22	5.04	5.18	5.29	6.12	5.68
−5	T_w	75	75	80	80	80	80	70	75	75	80	75	80	80	75	75	75	75	80	80	80
	T_s	0	0	0	0	5	−5	0	0	0	0	−5	−5	0	0	0	−5	−5	−5	−5	0
	T_e	7.11	6.55	7.14	7.14	8.29	6.22	6.53	7.13	7.13	7.72	6.20	6.79	8.29	7.70	7.70	6.78	6.78	8.04	7.37	8.87
	T_p	5.31	5.05	5.29	5.44	5.95	5.01	5.03	5.28	5.00	5.21	5.00	5.26	6.27	5.48	5.19	5.51	5.25	5.48	5.20	6.13
0	T_w	60	60	65	65	70	50	55	55	55	60	40	45	45	45	50	35	35	40	40	40
	T_s	0	0	0	0	0	0	0	0	0	0	−5	0	0	0	0	−5	−5	−5	0	0
	T_e	7.11	7.11	7.70	7.70	8.29	6.50	7.09	7.09	7.09	7.68	5.89	6.48	6.48	6.48	7.07	5.87	5.87	6.46	6.46	6.46
	T_p	6.34	6.18	6.52	6.35	6.65	5.80	6.17	6.01	5.85	6.16	5.26	5.64	5.49	5.35	5.68	5.24	5.11	5.48	5.33	5.19

注：1. 碎石不加热，其温度为环境温度。
2. 水泥储存在水泥库房，其温度按暖棚的温度计。
3. T_w、T_s、T_e、T_p、T_i、T_a、t 分别代表拌和水的温度、砂子的温度、混凝土出机口温度、混凝土浇筑温度、环境温度、拌和棚温度、混凝土运输时间。

1）当环境气温为－15℃时，如暖棚温度为10℃以下（包括10℃），则不但要加热水，还要加热砂子；暖棚温度为15℃，当运输时间在45min以上时需要加热砂子；当运输时间在45min以下时只需要加热水，砂子只需提前运入暖棚预热一下，而不需要加热。

2）当环境气温为－10℃时，如暖棚温度为5℃，则不但要加热水，还要加热砂子；暖棚温度为10℃以上时，只需要加热水，而砂子只需要提前运入暖棚预热一下，而不需要加热。

3）当环境气温为－5℃时，如暖棚温度为0℃时，不但需要加热水，还需要提前将砂子运入暖棚，达到和暖棚相同的温度，当运输时间在60min以上时还需要加热砂子；暖棚温度为5℃，当运输时间在15min以内时，只需要加热水；当运输时间在15min以上时，不但需要加热水，还需要提前将砂子运入暖棚预热到0℃；暖棚温度为10℃，只要运输时间不超过45min只需要加热水，运输时间超过45min时，不但需要加热水，还需要提前将砂子运入暖棚预热到0℃；暖棚温度为15℃、运输时间在60min以下时，只需要加热水，运输时间超过60min时，不但需要加热水，还需要提前将砂子运入暖棚预热到0℃。

4）环境气温为0℃时，只需要加热水。

（4）不同工况混凝土施工方案建议。环境气温在－10～－15℃时，以暖棚温度为15℃左右为宜，如混凝土运输时间较长（45min以上），则提前将砂子加热；如混凝土运输时间较短（45min以下），则提前将砂子运入暖棚稍稍预热一下即可；环境气温在－5～－10℃之间，暖棚温度以10℃为宜；环境气温在－5～0℃，则暖棚温度以5℃左右为宜，但混凝土运输时间应适当控制；当环境气温在0℃及以上时，不需要搭建暖棚，只需要对拌和水进行适当加热；当环境气温在5℃及以上时，不需要任何加热措施，混凝土的入仓温度也能达到5℃以上。

3.2.7 混凝土冬季施工注意事项

低、负温条件下混凝土施工，应严格执行混凝土冬季施工的有关规定，加强过程控制，这对保证混凝土质量有着至关重要、不容忽视的作用。

（1）骨料中不得含有冰雪和冻块，骨料中夹的冰雪团块会消耗大量热能，降低混凝土的初始温度，甚至浇筑时留在混凝土中，影响混凝土质量。

（2）水的加热温度不宜超过80℃，骨料的加热温度不宜超过40℃，水泥和外加剂不得加热，可提前运入暖棚中预热。当水的加热温度超过60℃时，应改变投料顺序，即先投入骨料和热水，拌匀后再投入水泥和外加剂。

（3）骨料的加热不宜用直火加热的方式，宜采用蒸汽加热的方式。因为用直火加热，使骨料内干热而且受热不均匀，造成骨料的吸水率增大，影响混凝土的和易性；骨料局部灼热而遭破坏，影响混凝土强度；混凝土内部骨料周围水泥石失水产生毛细裂纹，影响混凝土的耐久性。

（4）应加强施工过程中原材料、混凝土拌和物及成型混凝土的测温工作，并做好记录。原材料、混凝土拌和物测温每工班至少两次，成型混凝土在混凝土达到临界强度前应每隔2h测1次，以后每隔4h测1次温度，直至养护结束。

（5）成型混凝土应带模养护，在模板外覆盖棉被和塑料薄膜，混凝土达临界强度后再拆模。拆模后在混凝土表面覆盖一层塑料薄膜，然后覆盖一层棉被，在棉被外再覆盖一层塑料薄膜。

(6) 保温材料受潮后保温性能大大降低，因此保温材料必须保持干燥，堆放时，不得和冰雪混杂在一起堆放。

(7) 在混凝土浇筑期间，试验室应随时注意观察了解气温变化情况，并根据测温记录，进行热工计算，可采用成熟度理论推算混凝土的强度，及时调整施工方案。

(8) 低温施工混凝土试件的留置，应比暖季增加2~3组同条件养护试件。

3.2.8 施工机械设备防寒保温措施

进入冬季施工以前，现场内所有施工机械均应经过彻底的检查和修理，并备足相应的易损件。进入冬季施工后，施工机械均采用高标号燃油和高质量的附属油及防冻液。所有的运转机械均停放在洞内，当晚间最低气温在−20℃以下时，要排干水箱内的循环水。因高原空气稀薄，含氧量低，洞内施工宜采用有轨运输和电动机械设备，禁用燃油机械。

冬季施工要求特殊，如配料要预热，使其在拌和机中的温度达到10~20℃，灌注模型要加温至5℃左右。输送的泵管用保温材料制成，容器以棉毡包裹，浇基后的要喷蒸汽以防在凝固前上冻。

3.3 冬季施工实例

3.3.1 青藏铁路混凝土冬季施工实例

青藏铁路冬季施工地段在海拔4000.00~5000.00m，冬季缺氧现象更严重，保健医生在工地上查访不断。青藏铁路工程建设总指挥部张修立工程师说，"迄今没有人因缺氧出现健康问题。"据了解，青藏铁路部分工程的施工将持续一冬，估计有8000多人参加冬季施工。统计进度表显示工程进展顺利。为确保工程质量和施工人员安全，总指挥部采用了适应高原寒冷缺氧情况的施工和保健方案。因气候原因，青藏铁路大部分工程冬季已暂停。冬季不停工的是一些控制铺架铁轨进度的工程，如昆仑山隧道及桥梁等。另有部分按建设工期必须开工的工程将严格按照冻土施工的要求进行。

青藏铁路格拉段所经地区深居大陆内部，远离海洋，除唐古拉山以南部分地区受海洋性气候影响和北部柴达木盆地受内陆干旱气候影响外，绝大部分位于高原腹地，具有独特的冰原干寒气候特征。调查该区段内近十年来格尔木、伍道梁及沱沱河各气象站气象状况，格尔木在4~10月，伍道梁在7~8月，沱沱河在6~8月混凝土可组织常温施工外，其他时间就要进入冬期施工，月平均最低气温在−14~−19℃，极端最低气温在−27~−37℃。格拉段有隧道15座，累计10355m，其中大于1000m的隧道4座，累计5880m，安排隧道冬期施工在所难免，防寒保温的各项准备工作和具体的技术保证措施就尤为关键。根据东北地区的隧道工程施工经验，结合青藏铁路的实际情况提出以下防寒保温技术措施。

3.3.1.1 冬期施工资源准备

(1) 保温材料的准备。保温材料以传热系数小，防风防潮，价廉易得者为宜。保温材料必须保持干燥，受潮后保温性能成倍降低。进入冬期施工前，要列出保温材料所需品种及数量计划，并提早准备，保温材料的选择就其使用部位大致如下：

1) 管道保温：选用珍珠岩保温瓦、防寒海绵、草绳等。

2）洞门封闭暖棚保温：选用塑料布、棉帘子、苇席、帆布篷等。

3）覆盖用材料：如草垫、稻草、锯末、谷糠、炉渣、牛粪等。

4）模板及机具保温：选用聚苯乙烯泡沫板、岩棉、棉被等。

（2）冬期施工燃料准备。青藏高原供热燃料以煤为主，或用牛粪、油料等，冬期施工前分别提出计划，及时运到施工现场，保证生活及生产需要。

（3）外加剂准备。混凝土中掺入适量外加剂，能改善混凝土的工艺性能，提高混凝土的耐久性并保证其在低温期的早强及负温下的硬化，防止早期受冻。目前冬期施工常用的外加剂多为定型产品，主要包括有防冻、早强、减水、引气和阻锈等。

（4）热源设备准备。主要包括暖棚需要的锅炉及其管道的安装、保温和试烧，对砂石进行预热的地坑，洞内升温用的火炉及生活房屋用的暖气管道、暖气片等。

3.3.1.2　供水系统防寒保温措施

供水系统包括高压水池及上、下水管道。高压水池一般要自原地面挖到冻结深度以下后用 10 号浆砌片石砌筑，砂浆抹面，水池上方用工字钢做纵、横梁，上满铺木板，后覆盖一定厚度的稻草、炉渣或牛粪等做保温层，在保温层上夯填黏土作为防冻层，各层之间最好用塑料薄膜隔开。上、下水管道同样也要埋置一定的深度，首先回填锯末或炉渣作为保温层，之后夯填黏土作为防冻层，洞口段水管用防寒海棉套包裹，之后以砂袋覆盖。每个洞内均设置一个 3m³ 大水箱，水箱旁设火炉，以供喷射混凝土用水，喷混凝土时水温应保持在 5℃ 以上。

3.3.1.3　供风系统防寒保温措施

压风站用石棉防寒板做墙身，油毡、石棉瓦做房顶，屋内以纤维板吊顶而成，配火炉使站内温度保持在 0℃ 以上。为防止蒸汽冷凝后在管内积水进而结冰，以致供风不畅或因冻胀而产生风管破裂，主风管应用防寒海绵套包裹后用双层草绳缠绕，并在洞口处风管最低位设置一个放水阀，在每班工作结束后，打开放水阀，迅速排干风管内的残留水分。

3.3.1.4　拌和系统防寒保温措施

（1）原材料加热。原材料加热应先考虑水的加热。如水加热到规定的温度，尚不能使拌和的混凝土达到规定的温度时，则应加热骨料，并优先考虑加热细骨料。

水的加热方法：一是用烧水锅炉或大锅直接加热；二是直接向水箱内通蒸汽加热；三是水箱内插电极加热。

砂子加热的方法常用的有三种：①在砂堆内插入蒸汽花管，直接向砂堆排入蒸汽以提高其温度，此法也称湿热法，该方法设备简单，加热迅速有效，但务必注意勤移动蒸汽管，使各处加热均匀，湿热法往往使砂子的含水率变化很大，因此应即时测定砂子的含水率；②在砂堆中安设蒸汽排管或采用保温加热料斗，此法也称干热法，该方法砂子含水率变化小，但加热时间长，投资大，费用高，当采用保温加热料斗时，宜配备两个以上，以便交替使用；③用火炕直接加热，此法设备简单，但热量损失大，有效系数低，加热不均匀。

石子在通常情况下尽量不加热，当气温较低时，为提高拌和物的温度，可根据情况按砂的加热方法加热。

（2）拌和站保暖棚的搭设。

1）暖棚墙体结构采用砖结构，屋顶采用石棉保温层。预留两个进料口，两个水泥入口，一个混凝土罐车入口。入口在施工中均采用棉帘封闭。

2）在暖棚旁边，修建一个蒸汽锅炉房供热。由锅炉房引出几条管道分别对暖棚中暖气片、骨料预加热斗和水池供热。管路连接应顺畅牢固，确保安全。

3）加热池中设蒸汽管对水加热，加热池一端用逆流闸阀连接进水管，一端连向拌和机。

4）在暖棚背后设置砂、石料堆，备足冬期施工用料，仓库四周用浆砌片石挡墙，顶部采用帆布或彩条布覆盖后再加盖草袋等保温材料，确保不受雨、雪影响，料堆高4～5m为宜。

5）在暖棚内拌和机旁设水泥临时堆放点，水泥库内水泥应提前一天搬入临放点，确保水泥入机前温度。

（3）混凝土的运输。施工中应尽量减少混凝土在运输过程中的热量损失，运输工具的周围必须有保温套和保温盖，运输距离要尽量短，操作时动作要快。

3.3.1.5 洞内防寒保温措施

（1）洞口保暖棚的搭设。洞口保暖棚以工字钢架（间距1m，共9榀）作骨架，钢筋连接，内层覆盖土工布、彩条布，外层覆盖稻草搭建而成，保温棚进口用棉布做门帘。两侧以厚2m砂袋码砌而成，平时关闭，在爆破时打开上部门帘，出渣时打开过道门帘。

（2）洞内加温、防寒措施。洞内距洞口保暖棚10m、20m处设两道内门，除洞口两侧部分以砂袋码砌而成外，其余部分均用双层土工布制成，洞内根据天气情况和隧道进尺来决定所需火炉数量，一般在水箱处、混凝土喷射机处各放一个火炉，第三道门帘附近每侧放一个。据现场效果来看，距保暖棚50m处温度可保持在2℃左右，距保暖棚80m处，温度在5℃左右，基本满足施工要求。

3.3.1.6 多年冻土区桥梁混凝土的相关技术要求

（1）青藏铁路多年冻土区桥梁混凝土的耐久性指标。

1）抗冻融循环次数不小于300。

2）抗渗等级应不小于S12。

3）混凝土砂浆中的钢筋不得锈蚀。

4）氯离子渗透值不得大于1000库仑。

5）表面非受力裂缝平均宽度不得大于0.20mm。

6）当环境水或岩土中存有害离子侵蚀时，混凝土受有害离子侵蚀的浓度允许值应符合要求。

7）混凝土的总碱含量符合要求。

8）暴露于大气中的混凝土，其砂浆的磨耗率不大于$0.5kg/m^2$。

（2）混凝土拌和物的温度要求。

1）浇注对冻土有直接影响的混凝土（例如钻孔桩混凝土），其入仓温度宜控制在2～5℃，暖季困难时可放宽到10℃，但必须采取降低水化热的措施。

2）浇筑在低温或负温条件下养护，不直接与冻土接触的混凝土，其入仓温度宜以5～10℃为宜。

（3）混凝土构造物的养生要求。暖季，由于青藏高原强烈的紫外线照射和高蒸发量，为防止混凝土过早干燥，对后期强度增长和耐久性不利，混凝土拆模后应立即用蓄水物质和塑料布包裹，进行保温保湿养护，后期应喷涂养护液。

冬季，混凝土表面覆盖的保温层不应采用潮湿状态的材料，也不应将混凝土保温材料直接铺盖在潮湿的混凝土表面，新浇混凝土表面应铺一层塑料薄膜，混凝土养护所采取的保温措施，应使混凝土的温度下降到0℃以前获得抗冻所需的临界强度。不同环境温度下混凝土的临界抗冻强度见表3.3-1。

表3.3-1　　　　　　　　　　不同环境温度下混凝土的临界抗冻强度

混凝土的最低环境温度/℃	混凝土的临界抗冻强度/MPa
0～-10	5.0
-10～-15	7.5
-15～-20	10.0

3.3.2　新疆恰甫其海围堰工程冬季施工

3.3.2.1　工程概况

恰甫其海水利枢纽工程位于新疆伊犁地区巩留县境内伊犁河一级支流——特克斯河的中下游河段的恰甫其海峡谷内，距巩留县城41km。该枢纽是特克斯河干流规划中的控制性工程，其开发任务以灌溉为主，兼有发电、防洪等综合利用效益，属大（1）型一等工程。水库总库容16.94亿 m^3，正常蓄水位995.00m，控制灌溉面积523.45万亩，电站总装机容量320MW。坝址下游恰甫其海水文站实测气象资料见表3.3-2，坝址区气象要素推算值见表3.3-3。

表3.3-2　　　　　　　　　恰甫其海水文站实测气象要素统计表

项　目	单位	1月	2月	3月	4月	5月	6月	7月
平均气温	℃	-6.8	-4.6	3	11.3	16	19.7	22
极端最高气温	℃	10.8	21	26.5	31.5	35.3	37	39
发生时间	年.月.日	1963.1.26	1963.2.27	1989.3.3	1985.4.27	1977.5.31	1984.6.25	1983.7.31
极端最低气温	℃	-32	-27	-19.5	-9.4	-2.5	1	6.2
发生时间	年.月.日	1981.1.22	1988.2.26	1989.3.2	1960.4.11	1983.5.22	1987.6.21	1972.7.12
降水量	mm	9.56	12.05	29.19	44.86	46.01	41.01	33.55
日最大降水量	mm	15.1	15.5	31.4	35.7	29	29.3	32
发生时间	年.月.日	1974.1.26	1988.2.5	1970.3.25	1967.4.29	1960.5.22	1987.6.21	1979.7.14
蒸发量	mm	44.19	51.95	101.26	185.26	229.52	256.03	303.55
项　目	单位	8月	9月	10月	11月	12月	全年	
平均气温	℃	21.4	16.5	9.2	1.5	-3.7	8.8	
极端最高气温	℃	39	38	31	22.5	16.1	39	
发生时间	年.月.日	1979.8.2	1966.9.14	1985.10.1	1979.11.4	1989.12.1	1983年7月31日	
极端最低气温	℃	4	-3.5	-7.8	-24.5	-27	-32	
发生时间	年.月.日	1978.8.24	1973.9.28	1961.10.9	1987.11.26	1984.12.23	1981年1月22日	
降水量	mm	22.67	26.1	34.54	20.54	13.94	334.02	
日最大降水量	mm	36.6	33.1	27.6	22	12.6	36.6	
发生时间	年.月.日	1958.8.12	1958.9.21	1967.10.16	1965.11.5	1976.12.15	1953年8月12日	
蒸发量	mm	307.5	220.98	136.96	72.95	50.38	1961年4月	

表 3.3-3　　　　　　　　　　　恰甫其海坝址气象要素推算值表

项目	单位	1月	2月	3月	4月	5月	6月	7月
平均相对湿度	%	72	76	76	62	65	68	66
平均风速	m/s	3.4	3.6	4.2	5.4	4.6	4	3.8
最大风速	m/s	21			24			19
最大风风向		W			WSW			W
大风日数	d	1	1	2	3	2	1	2
雷暴日数	d	0	0	0	2	7	12	11
日照时数	h	169	177	203	209	267	272	293
降水量	mm	12.8	14.5	34.6	67.2	71.1	66.3	54.5
最大积雪厚度	cm							
最大冻土厚度	cm							
项目	单位	8月	9月	10月	11月	12月	全年	
平均相对湿度	%	58	59	66	72	73	68	
平均风速	m/s	2	3.8	3.6	3.6	2	3.3	
最大风速	m/s			22			24	
最大风风向					WSW		WSW	
大风日数	d	1	3	2	1	1	20	
雷暴日数	d	6	3	0	0	0	40	
日照时数	h	288	256	221	170	154	2679	
降水量	mm	35.5	35.8	41.6	32.7	21.6	488.8	
最大积雪厚度	cm						65	
最大冻土厚度	cm						80	

枢纽大坝为黏土心墙坝，坝顶高程 1003.00m，坝顶长 363m，最大坝高 108m，抗震设计烈度为 9 度。大坝工程上游围堰设计顶高程 949.00m。为适应冬季低温条件施工，设计采用浇筑式沥青混凝土心墙（垂直式）防渗结构，心墙沥青混凝土浇筑工程量为 1615.50m³。沥青混凝土心墙建在混凝土截水墙上，距混凝土截水墙底部 0.5m 做放大角连接。心墙底部高程 900.50m，心墙顶部高程 948.20m，心墙轴线最大长度 182.40m。心墙设计厚度在高程 930.00m 以下为 0.4m，以上为 0.3m。心墙两侧各设 2m 宽过渡料（<80mm、小于 5mm 粒径含量不超过 30% 的级配连续的天然砂砾石）。

上游围堰主要项目施工情况见表 4.3-4，上游围堰填筑分月强度见表 3.3-5。

表 3.3-4　　　　　　　　　　　上游围堰主要项目施工情况一览表

序号	工程项目	开始时间 /（年.月.日）	结束时间 /（年.月.日）	施工天数 /d	工程量 /m³
1	上游围堰				
1.1	上游围堰基础土石方开挖	2002.10.10	2002.12.28	79	土方：85000，石方：23200
1.2	截水墙 C20 混凝土浇筑	2002.12.10	2002.12.30	3	878.48

序号	工程项目	开始时间 /(年.月.日)	结束时间 /(年.月.日)	施工天数 /d	工程量 /m³
1.3	挡土墙（原设计）	2002.10.25	2002.11.28	34	C25：490.99，砌石：392.66
1.4	挡土墙混凝土浇筑 （加高部分）	2003.3.31	2003.4.28	28	C25：560.86， 毛石混凝土：158.86
1.5	上游围堰填筑				
1.5.1	过渡料填筑	2003.1.2	2003.4.24	112	22500，运距6km
1.5.2	爆破料填筑	2003.1.3	2003.4.24	111	296200，运距2.5km
1.5.3	砂砾料填筑	2003.1.3	2003.4.24	111	18500，运距6.5km
1.6	上游围堰沥青混凝土浇筑	2003.1.4	2003.4.24	110	1712.25

表3.3-5   上游围堰填筑分月强度表

时间/(年.月)	爆破料/m³	过渡料/m³	砂砾料/m³	总计/m³
2003.1	17726	750	120	18596
2003.2	65378	3420	3830	72628
2003.3	140193	8014	10410	158617
2003.4	72903	10319	4141	87363
总计	296200	22503	18501	337204

3.3.2.2 浇筑式沥青心墙施工质量标准及技术要求

（1）沥青混凝土施工配合比。浇筑式沥青混凝土配合比在设计单位推荐采用的基础上，经工地试验室室内试验和现场浇筑试验进行优选决定。施工配合比及允许偏差指标见表3.3-6。

表3.3-6   施工配合比及允许偏差指标表

材料名称	沥青含量	砾石（5～20mm）	砂（<2.5mm）	填料
重量比/%	11.50	36.5	36.5	15.5
允许偏差/%	±0.3	±2.0	±2.0	±1.0
备注	道路石油沥青60号			32.5号普硅水泥

注　稀释沥青（冷底子油）重量比：沥青：汽油=3：7，现场可视气温、风力条件确定。
　　沥青玛琋脂重量比：沥青：矿粉（水泥）=1：1。

（2）沥青混凝土现场浇筑质量要求见表3.3-7。

表3.3-7   现场浇筑质量要求

序号	检查项目	质量要求	检查频次	备注
1	立模误差（心墙中心线）	±5	每层随时检测	
2	浇筑层温度/℃	130～150	每层随时检测	
3	容重/(g/cm³)	>2.2	每浇筑4m高钻1孔检测	
4	渗透系数/(cm/s)	<1×10⁻⁷		

序号	检查项目	质量要求	检查频次	备注
5	心墙宽度误差/cm	2	每层随时检测	
6	浇筑厚度误差/cm	±1	每层随时检测	
7	平整度/cm	<1	每层随时检测	沿轴线长2m
8	外观	无裂纹、蜂窝、麻面、空洞及花白料	每层随时检测	

3.3.2.3 沥青混凝土原材料的加热处理

（1）沥青加热：沥青在加热锅内以导热油为介质加热、熔化、脱水，脱水温度控制在 110～130℃，使水分充分溢出（0.5～1.0h），不再冒泡后继续加热至 150～170℃，恒温储存。沥青加热上限温度要严格控制，以防沥青老化。为防止溢锅，沥青加入量不应超过沥青锅容积的 75%。热沥青的储存时间不宜超过 6h。

（2）骨料加热：骨料加热在烘干筒内进行，先倒细骨料后倒粗骨料，加热温度为 170～190℃。

3.3.2.4 沥青混合料的制备及运输

将加热的骨料卸入拌和机与称量后直接加入的填料干拌 15～30s，再加入热沥青湿拌 45～60s。混合料出机口温度控制在 140～175℃。沥青混凝土混合料采用 2 辆 4.3m³ 装载机接料并运输至浇筑现场，运距为 1300m 左右。

3.3.2.5 心墙沥青混凝土浇筑施工

心墙沥青混凝土施工分层浇筑厚度为 0.4m。依据堆石料填筑施工强度决定分段浇筑，流水化作业。沥青混凝土心墙应全线均衡上升，分段间的横缝，应把接缝处的松散沥青混凝土铲掉，做成缓于 1:3 的坡面，浇筑新料前要加热坡面。上下层的横缝应错开，错距不小于 2m。机械设备过心墙采用厚 38mm 钢板搭桥技术。

（1）混凝土基础面处理。

1）混凝土基础面先将浮浆、乳皮、黏着物等清除干净，再打毛并用高压风吹干净，潮湿部位用汽油喷灯烘干，保证混凝土表面干燥。

2）在干燥的混凝土毛面上人工涂刷 2 遍稀释沥青（冷底子油），涂刷要均匀，无遗漏。冷底子油可用沥青和汽油、柴油掺配而成，掺配重量比为：沥青:汽油=3:7 或沥青:柴油=2:3。掺配汽油干燥快，不利于防火安全，掺配柴油安全但干燥较慢。

3）待冷底子油干涸后，至少不小于 12h，涂抹厚 1～2cm 沥青玛琋脂，沥青玛琋脂控制温度为 180～200℃。沥青玛琋脂用量小时采用人工拌制，用量大时采用拌和站拌制。每次用多少，拌制多少，避免浪费。

（2）钢模制作及安装。

1）钢模采用 450mm×5mm×1500mm 的钢板制作，采用∠40mm×40mm×450mm 角钢制成的卡件进行两侧钢模顶部支撑，每根卡件用切割机锯槽，可分别卡扣 0.4m、0.3m 宽度心墙模板。由于两侧要预先平起填筑过渡料，所以模板底部采用截面为 40mm×40mm 木撑进行内撑，防止两侧过渡料回填压实时模板发生位移和变形。

2）钢模安装前要对表面进行清洗并涂刷脱模剂。

（3）过渡料铺筑及压实。模板立好后，两侧 2m 范围内用人工配合装载机进行过渡料铺填。应注意勿使靠近模板部位的过渡料产生砾石集中。过渡料层厚为 20cm，两侧平起填筑，采用 HZD200 单向平板振动夯振压 15～20 遍。过渡料回填 2 层达到沥青心墙浇筑层高 40cm。过渡料与堆石料接缝部位采用 18t 振动碾骑缝碾压，搭接宽度为 30～50cm。

（4）结合面清理。浇筑前沥青玛瑞脂以及沥青混凝土层面要清理干净，无杂物，保持干燥。对因停歇时间较长、较脏的沥青混凝土层面，用喷灯加热使其变软，然后将变软的沥青混凝土表面连同污物一起铲除。因雨雪表面有水时，用高压风吹干或加热烘干。

（5）沥青混凝土入仓。混合料用装载机运输并直接入仓，人工配合。沥青混凝土入仓温度控制在 130～150℃，人工平仓，用钢筋棒插捣密实。每层浇筑厚度 0.4m，从最低处开始向上逐层浇筑。

（6）拆模。沥青混凝土入仓浇筑后，在 30～45min 以内拆出模板。应注意：一是拆模时不能用力过猛；二是不能拖延时间太长，防止在拆模过程中拉开结合面而无法自愈。

3.3.2.6 冬季施工措施

恰甫其海水库于 2002 年 10 月 9 日实现河床截流，上游围堰施工从 2002 年 10 月 10 日开始基础开挖，到 2003 年 4 月 24 日全部工程项目结束，总历时 197d，跨越整个冬季，施工最低大气温度达到 −25℃。

混凝土工程冬季施工期间，主要采取了骨料覆盖保温、热水拌和、罐车包裹保温、浇筑现场搭建暖棚、溜槽底部分段生火加热、延长拆模时间、覆盖保温养护等措施，保证了施工质量和进度。沥青混凝土心墙浇筑过程中没有出现间断，保持了流水化作业连续生产。冬季施工期间主要是加强温度控制，注意层间结合处理。

基础开挖和坝体填筑冬季施工措施主要有：①是对机械设备使用 −30 号油，保证低温正常运行；②是加强设备配置，由于冬季施工机械设备在维修保养方面难度增加，设备损坏概率增加，设备保证率和出勤率降低 30% 左右，所以，加强了设备配置，以维持必要的生产强度；③是由于反复降雨、下雪，对施工道路损坏较大，一般情况下，下雪期间施工道路不能行车，需要停止施工，雪后必须对道路积雪进行清除，并对路面进行处理，增加摩擦力，下雨期间施工正常进行，但是路面必须铺垫碎石面层，这些措施都加大了施工成本，增加了施工难度；④是加大安全管理监督力度，特别是对施工车辆进行限速、对个别危险路段禁止通行。

3.3.2.7 质量控制结果

恰甫其海水利枢纽黏土心墙坝工程上游围堰高 51.3m，相当于中型土石坝工程，其重要性是显而易见的。考虑到上游围堰在冬季施工，平均气温在负温以下，设计采用浇筑式沥青混凝土心墙防渗结构是可行的。但由于浇筑式沥青混凝土心墙坝工程并不多见，所以缺乏可供参考的经验。在沥青混凝土施工过程中，对各工序进行全过程质量控制，每层每段由监理验收签证。拌和站和施工现场分别由两名质检员检测，拌和站重点检查原材料及混和料制备过程中的温度，沥青、骨料、填料的配制重量。施工现场主要进行检测工序检测、浇筑混凝土温度检测、沥青混凝土密度及渗透系数。沥青混凝土温度出机口共检测 1397 次，合格率 99.7%，浇筑现场检测温度 664 次，合格率 88.8%。沥青混凝土密度共检测 121 组，渗透系数共检测 363 组均符合设计要求。沥青混凝土心墙共完成 121 个单元工程，优良率 89.3%。

工程结论：①沥青混合料在运输过程中的温度损失不大，在 1.5km 范围内不超过 10℃；②沥青混凝土混合料的温度主要取决于骨料温度，应重点控制好骨料加热温度；③浇筑式沥青混凝土心墙施工层间无须加热处理，只要干净干燥即可浇筑，施工采用"立模板→回填过渡料→浇筑沥青混凝土→拔模"，工序相对简单并可紧密衔接，能满足坝体填筑的强度需要；④在冬季施工的条件下，施工质量是可以得到保证的。

3.3.3　莲花水电站大坝冬季施工

莲花水电站位于黑龙江省海林市，在牡丹江干流上，是牡丹江下游梯级电站之一。坝址区冬季漫长而酷寒，多年平均气温 3.2℃，年气温变幅 ±20.5℃，日温差约 12℃，晚秋初冬寒潮降温达 15℃（历时 3d）。气候条件恶劣，全年施工期不足 7 个月，由于莲花水电站主坝为面板堆石坝，其趾板面板混凝土系薄壁结构，在基础约束与内外温差的作用下容易产生裂缝，故其养护和保温至关重要。由于冬季溢洪道采石场的石料开采和制备不停工，故存在负温条件下不洒水的坝料填筑及全过程质量控制等问题。为此，建设、监理、设计、施工等单位采取了必要的措施，保证了工程进度，为 1996 年安全度汛和第一台机组提前发电打下了良好的基础。

3.3.3.1　左岸坝基冻土爆破开挖施工

左岸一级、二级阶地覆盖层厚度 6～17m，上部由含砾的粉质黏土、重粉质壤土和粉质壤土所组成，厚度 2～10m，中部由细砂、粉砂和粗中砂组成，厚度 0.5～3.4m，下部为砂砾卵石层，厚度 2～6m。设计优选该坝基开挖出的粉质黏土和重粉质壤土作为二坝心墙防渗土，储存在大坝、二坝附近土场。设计开挖量 61.87 万 m³，实际开挖量约 54.58 万 m³，供二坝心墙土 8.70 万 m³，大坝上、下游围堰防渗土 9.0 万 m³。

冻土爆破方法。实测冻土层厚仅 1.7m，1993 年 1 月开始采用孔径 90～100mm、孔深 70cm 的钻孔，但工效低、单耗药量大，爆破层仅 60～70cm，用 330 型推土机带松土器刨不动；后改用麻花钻钻孔，工效仍低，钻不深易缩孔，爆破层仍较浅，爆破方量难以满足开挖强度和进度要求。经调查、摸索、试验，逐步推广和采用当地曾用过的硝铵化肥掺加柴油的"土炸药"，辅以少量 2 号岩石炸药；大量用民工打钎，沿铅垂孔以小炮扩孔扩深成竖井连洞室的装药爆破方法。至 1993 年 2 月，扩孔工效在不断提高，民工每人每班不少于 1 孔，用 2～3 卷炸药扩孔，每班扩 20～50 个孔，耗药量 300～750kg，实践证明其成本低、爆炸威力大。1993 年 2 月 20 日 17 时有一竖井洞室装药量共计 1t，分 2ms 段起爆，"冲天炮"呈现出黄褐色蘑菇状烟云。爆破后形成一个深 4m，松动圈直径 23m，影响圈直径 25m 的漏斗状大坑，效果好；2 月 26 日 12 时 15 分又有 10 个竖井洞室装"土炸药"爆破，初步形成纵横沟槽，后又增加到 40 个竖井洞室，爆破后连成 1 个狭长的沟槽和梯段，并与趾板槽开挖沟通。至 3 月初，在大面积的阶地土层，形成若干个梯段和作业面，加快了爆破开挖进度，并为土料挖掘和装运提供了开阔的工作面。

3 月 10 日至 4 月底，已有 6 个工作面每个配 2 台 4m³ 装载机和 1 台推土机集料装车。据统计，每日开挖量已超过 4000m³，3 月中、下旬日开挖量达 6000m³，月平均开挖量 15 万～18 万 m³，4 月气温转暖，开挖储土日平均达 8000m³，月平均 20 万 m³，高峰 5 月份开挖突破 24 万 m³。至 5 月中旬坝基土料和砂层或趾板槽砂卵砾石层的开挖全部结束，实际开挖土方达 62 万 m³。

3.3.3.2 冬季大坝垫层料的制备和填筑质量控制

莲花水电站大坝冬季不洒水条件下的施工参数及压实密度见表 3.3 - 8。

表 3.3 - 8 　　　　　　　　　冬季坝体分区填筑碾压参数及压实密度要求表

分区填筑坝料	料源、生产	颗粒级配				压实密度		施工参数			施工机械
		最大粒径 D_{max}/mm	小于5mm粒径含量/%	小于0.1mm粒径含量/%	不均匀系数 C_u	干容重 d/(kN/m³)	孔隙率 n/%	铺厚/cm	碾压遍数	洒水量	
垫层料	洞渣料用碎石机破碎成粗、细碎料再掺砂	80	32～37	<5	≥30	21.5	<18	40	10	不洒水	SD－150高频自行式振动碾,为1档速
过渡层料	碎石料剔除大、超径块石,部分来自4号采石场	300	1030	<2	≥15	21.0	<20	40	10		
主堆石区料	溢洪道、采石场爆破采石	500	1020	<2	≥15	20.5	2224	60	10		
次堆石区料	溢洪道、采石场爆破采石	800	1020			20.0	<25	100	8		

碾压试验结果表明：过渡层铺层厚 40cm 和主堆石区铺层厚 80cm 均碾压 10 遍,次堆石区铺层厚 100cm 碾压 8 遍,压实密度均能满足设计指标。冬季采用东勘院科研所试验成果控制碾压质量。唯垫层料在 1993 年入冬前,施工单位做过掺石粉不洒水碾压试验,由于达不到设计干容重值,故冬季 5 个月左岸垫层填筑停工,以致使过渡层及前沿主堆石区不能继续填筑上升。由此造成与下游冬季填筑堆石区高差达 17～20cm 的纵向接坡(缝),并为处理此接坡停止填筑长达 1 个月之久。1994 年 12 月东北水利水电勘测设计院科研所做不洒水垫层粗碎料掺河砂计 5 场 16 组碾压试验,在增加碾压遍数的情况下仍未达到设计要求的干容重值。因此,在截流后的冬季仍只能先填次堆石区、主堆石区,这使得 1996 年坝体度汛按临时断面填至高程 217.20m 的工程形象的要求无法实现。

1995 年入冬前,为使堆石料的干容重值达到设计要求,建管局领导多次与监理、设计、科研及施工各方人员研究讨论,认为不宜再掺河砂,应试掺 15%～20% 筛分砂(含砾粗中细)或是掺 20mm 以下细碎料,也可既掺细碎料又掺筛分砂,旨在改善 10～2mm 间各种粒径含量的不足。通过科研与施工单位的密切协作,选定 3 种不同比例掺合料,即：①粗碎料:细碎料:筛分砂＝4:1:1;②粗碎料:细碎料＝4:1;③粗碎料:筛分砂＝5:1 或 6:1。经试坑取样检验结果表明：干容重值均达到 21.50kN/m³ 以上,且颗粒级配连续合理。考虑到③砂中冰冻掺量较①多,最后选定①、②两种掺和料。由此,1995 年冬季垫层过渡层可以领先持续填筑上升了。

3.3.3.3 趾板混凝土保温质量控制措施

趾板受外界气温影响极大。根据东勘院 1995 年 5 月提出的溢洪道混凝土温控研究报告，趾板日温差3.62℃的条件下在混凝土表面产生的温度应力约1.30MPa、深度0.24m处约0.57MPa，深度0.54m处约0.17MPa；晚秋初冬寒潮降温9.75℃时，在混凝土表面产生的温度应力约3.51MPa，深度0.24m处约2.20MPa，深度0.60m处约1.01MPa。可见表面温度应力容易使混凝土开裂，并有可能在与基础约束应力联合作用下，发展为贯穿裂缝。莲花工程工期紧，如不掌握好拆模时间，较早拆模及拆模后养护保温又未及时跟上去，则易导致混凝土在初期产生温度收缩裂缝。

趾板混凝土施工采取下列防冻抗裂措施：①在右岸陡坡趾板基岩开挖局部突变、台阶和尖角部位，沿基岩面摆设 ϕ10 或 ϕ12 间距20cm的温度筋以消除温度引起局部应力集中的影响；②晚秋白天连续浇筑混凝土，覆盖草帘洒水，夜间不洒水，拆模后迅即用塑料泡沫板或用草帘加厚后再以帆布盖严压牢。1995年10月28日至11月5日浇筑的右岸坡70号、71号趾板，1996年揭开保温材料检查，未发现混凝土裂缝。

3.3.3.4 冬季施工组织及实现1996年度汛发电的施工准备工作

为满足1996年度汛形象面貌和第1台机组发电要求，大坝应填筑至高程217.20m，此高程以下面板混凝土浇筑及面板前防渗土、石渣抛填应全部结束。由于采用坝体临时断面挡洪，因此，在1995年12月8日前需填筑120万 m³，月平均填筑达20万 m³，如果不组织冬季施工，将无法按计划安全度汛。

（1）引进设备，加强冬季施工力量。为满足垫层细碎掺合料供应，1995年汛期即引进了1台反击式破碎机制备足够细碎料；装载运输设备冬季出勤率低且效率不如夏季，维修困难，针对这一问题建管局组织搭盖了5座保温棚，为存车、修车创造了良好的工作环境，大大缓解了设备效率低的矛盾。工地原有机械设备经过1995年度汛阶段"冲刺式"拼抢后急待保养大修，大部分车辆带病运行；此外，冬季施工还受春节休假影响，因此，如不采取有效措施，冬季施工将处于低潮。面对不利局面建管局领导果断决策组建了水电建设工程处，先后购置装载机3台，推土机2台，大、小自卸汽车62台，引进电铲1台，柴油大铲1台，并争取省电力局支持，引进火电施工单位自卸车12台，装载机1台，大大加强了施工力量。此外建管局还积极支持施工单位，稳定施工队伍，两次借款给中国水电第六工程局用以维修5.4m³装载机，保证了冬季设备的正常运行。

（2）解决料源问题。进入冬季，料场开采设备效率低，空压机风管内壁结冰，管径变小，风压降低，且不能打湿钻，使开挖强度不能满足坝料填筑强度的要求，制约了填筑进度。为此在设计、科研单位积极配合下，决定使用4号采石场即北山料场，该料场系细晶岩脉构造带，节理裂隙发育，岩石强度、软化系数满足设计要求，覆盖层薄，远离村舍，采运方便，可以用洞室爆破获取合格级配石料，该料场的使用缓解了施工后期料源紧缺的矛盾，水电工程处在冬季施工中几乎全部采用此料场的料源。

（3）集中人员优势，保持冬季大干局面。建设单位发挥思想政治工作的作用，组织动员"四方"骨干力量坚持冬季作业，建管局领导和技术人员一律不休假，接家属来工地过春节；中国水利水电第一工程局、中国水利水电第六工程局各工程项目经理春节期间均留在工地。同时为冬季施工设工期奖，建立严格奖罚制度，充分发挥和调动工人积极性与主观能动性，组织专业技术人员进行技术挖潜，解决施工中出现的疑难问题，保证施工正常进行。整个冬季，尤其是春节期间，工程现场始终保持着大干局面。

截至 1996 年 3 月 8 日共完成坝体填筑 30 万 m³，使河床和右岸坝体填筑到 190～192m 高程，为冬季抢填面板施工作业面创造了较好的条件。由于采取交叉作业方案，保证了 4 月 10 日可以开始浇筑面板混凝土，从而使度汛形象面貌的实现成为可能。从冬季施工组织管理的整个过程可以看出，建设单位的调控作用是决定性的，而合同的执行应该是灵活的，特殊形势下甲乙双方有必要创造性地打破界限，如果没有甲方的有力支援，仅靠乙方原有的施工能力，是难以达到此工程形象面貌的，故支援、扶持与督促相结合是 1995 年冬季施工组织的成功经验。

3.3.4 满拉水利枢纽工程冬季混凝土施工

3.3.4.1 工程概况

满拉水利枢纽工程位于西藏日喀则地区江孜县龙马乡境内年楚河上游，以灌溉、发电为主，兼有防洪、旅游等综合效益的大型水利建设项目。挡水坝为黏土心墙堆石坝，坝长 287m，坝高 76.3m，坝顶宽 10m，距县城 28km，距日喀则城 113km。枢纽工程导流洞下闸计划定在 1999 年 9 月 30 日，下闸后导流洞封堵和泄洪洞预留混凝土工程的施工只能在冬季完成。而冬季气候严寒，气温年变幅小，日温差大，风沙大，大风天数多。据统计多年平均气温 4.8℃，极端最低气温 -22.6℃；气温的日温差较大，多年平均为 16.3℃。日平均气温每年在 10 月中下旬为 5℃ 以下，最低气温稳定于早晚 -3℃ 以下，故属于寒冷地区。根据《混凝土结构工程施工质量及验收规范》（GB 50204—2002）的规定，当室外日平均气温连续 5d 稳定在低于 5℃ 时，混凝土结构工程应采取冬季施工措施。

3.3.4.2 冬季施工方法的选择

在确保工程质量，且经济合理、减少能量消耗的前提下，选择混凝土原材料的加热法、蓄热法、掺外加剂法进行施工。

（1）混凝土原材料的加热法施工。混凝土原材料的加热方法，又分为水的加热和砂石集料的加热两种方式。因水的加热设备比较简单容易控制，且水的比热较高，所以优先考虑水的加热法。水的加热方法采用电热式蒸汽锅炉加热。在水泥库旁建一个 30m² 的锅炉房，内设一个 10m³ 的水池，以保证有足够的拌和用水。拌和用水温度控制在（60±2）℃ 时，水泥温度不低于 5℃，砂石集料的温度不低于 1℃，就可保证混凝土浇筑完毕后的温度不低于 5℃。所以水泥、砂石集料只需保温即可。

水泥的保温，将库房密封，在库房四周加碘钨灯照明保温，水泥温度能保证。砂石集料的保温，分别在大、中、小石及黄砂料仓处搭设 4 个暖棚，待集料脱水后，用篷布、草帘覆盖堆存，棚内设置碘钨灯照明，要求暖棚密封性好；再将地笼两端用篷布密封，采用碘钨灯照明加热，就可保证砂石集料的温度。

（2）蓄热法施工。混凝土蓄热法是利用加热拌和混凝土中的预加热量及混凝土中水泥在硬化过程中放出的热量，将适当的保温材料覆盖在构件受冻表面上，以防止热量过快损失的方法。蓄热法施工较为简单，在混凝土的周围不需要特殊的外加热设备，因此，费用较为低廉。满拉工程选用锯末和草袋作为保温材料。采用蓄热法施工时，浇筑混凝土应随浇随盖，尽量减少散热面。

（3）冬季掺外加剂法施工。在低温季节施工时，为加速混凝土凝结和硬化，提高其早期强度，常在混凝土中掺入氯盐和其他复合剂。冬季施工的钢筋混凝土结构可以掺入氯化钙、氯化钠作为早强剂和降低冰点，掺入亚硝酸钠作为阻锈剂。掺量及添加方式由科研所试验确定。满拉工程选用 SK 减水剂，掺量为 0.35%，添加方式为温水溶释后直接加入拌和罐。

3.3.4.3 混凝土的拌制、运输、浇筑和养护措施

（1）混凝土拌制应采用的措施。

拌和系统保温：将整个拌和系统用篷布密封，留出检查观察孔和出料口的位置，采用碘钨灯照明加热。

混凝土的拌和时间应为常温的 1.5 倍：在拌和前用热水冲洗拌和罐进行预热。

混凝土拌和物的出机温度：当外界平均温度为 −3℃ 时，将水加热至 60℃ 时，集料温度为 1℃，可推算出混凝土拌和物的理论温度为 11.1℃，混凝土拌和后的温度为 8.8℃。

（2）混凝土的运输和浇筑。冬季混凝土的运输应正确选择最佳运输路线，尽量减少混凝土的装卸次数，目的是为了减少热损失。仓位保温：由于整个冬季施工都在洞内进行，将泄洪洞两端出口及支洞口密封，洞内采用碘钨灯照明，加之机械设备散热，可保证洞内仓位温度不低于 5℃。具体办法采用棚布和棉被封闭洞口。混凝土的运输至成型后的温度为 6.6℃。混凝土浇筑入模后，由于模板、钢筋吸收热量，引起混凝土温度的下降，入仓后的温度为 6.5℃ ≥ 5℃。满足《混凝土结构工程施工质量及验收规范》（GB 50204—2002）的要求。

（3）混凝土浇筑后的养护。满拉工程混凝土的养护采用蓄热法养护，选用导热系数小价廉耐用的草袋、锯末做保温材料，保温层要注意防潮和透风。混凝土边角部位、新老混凝土结合处、外露钢筋及预埋件保温层应加厚。

3.4 冬季施工费用估算

冬季施工额外增加的费用主要包括下列方面：

（1）人工防寒措施及防寒用品。

（2）混凝土防冻材料、防冻外加剂、保温措施。

（3）施工设备的防冻措施、防冻油料等。

根据新疆、西藏多个水利工程的实践经验，严寒条件下施工总成本将会增加 10% ～ 20%。混凝土施工成本增加较大。新疆水利工程混凝土施工在原单价基础上增加 500 元/m³，增加幅度达 1.5 倍左右。因而，冬季尽可能不安排施工，尤其是混凝土工程施工。

3.5 高原寒冷地区堆石坝及混凝土施工时段的建议

通过分析新疆恰甫其海以及青藏铁路等工程冬季施工的实践经验和成功做法，结合高原寒冷工程区的气候特点，在作好周密计划安排及各项冬季施工措施的前提下，高原寒冷地区工程可根据需要安排部分项目进行冬季施工也是可行的。

根据西线工程的气候条件，结合高原寒冷地区已建工程冬季施工实践，建议堆石坝土石方施工时段一般安排在 3 月中旬至 11 月中旬，混凝土工程施工时段为 4 月初至 10 月底，面板混凝土浇筑时段安排在汛前的 5 月至 6 月，出于混凝土浇筑后强度增长的要求，汛后的 9 月、10 月一般不安排混凝土面板浇筑。

4 高原寒冷地区堆石坝坝体填筑料开采技术研究

寒冷地区已建的堆石坝对坝体堆石质量有比较严格的要求：一是尽可能利用硬岩；二是尽可能利用爆破开采的石料，其原因是认为寒冷地区冻融频繁，加之堆石体内难免有冰冻块体，使堆石岩块容易风化、摩擦系数降低。在冬季施工时，寒冷地区堆石料开采存在岩石裂隙水冻结、钻孔机械效率低的特点。

西线工程坝址及料场区岩性主要为中厚层砂岩夹板岩或砂、板岩互层，弱风化砂岩抗压强度一般为40～114MPa，砂岩干抗压强度一般为99～147MPa，弱风化板岩抗压强度一般为27～67MPa，属中等坚硬—坚硬岩石。现阶段规划的7座拦河大坝选定的石料场特性见表4.0-1。由于七个坝址的石料场岩石特性并不完全一致，各料场风化程度不同，节理裂隙发育程度不一，且可能有断层、岩脉穿插，使爆破参数设计难度增加。在前期准

表 4.0-1　　　　　　　　石 料 场 特 性 表

序号	坝址	石料场	高程/m	坡度	岩性	密度及抗压强度	覆盖层厚度	储量、位置及交通条件
1	枢纽1	1-1号	3620～3820	30°～37°	中细粒黑云母闪长岩	干密度为2.74～2.75g/cm³，饱和抗压强度为64MPa	第四系沉积物厚度2m，强风化岩厚度5m	600万m³，坝址下游1km右岸
		1-2号	3600～3900	37°～39°	中细粒黑云母闪长岩	干密度为2.74～2.75g/cm³，饱和抗压强度为64MPa	第四系沉积物厚度2m，强风化岩厚度5m	2750万m³，坝址上游2km处左岸
2	枢纽2	2-1号	3700～4200	多在18°左右，最大超过30°	长石石英砂岩、长石砂岩夹板岩；砂板之比7～10:1	砂岩天然密度2.69g/m³，饱和抗压强度74.0MPa	第四系沉积物厚度2m，强风化岩厚度5～10m	2180万m³，坝址上游右岸3.5km，交通不便
		2-2号	3770～4200	多在22°左右，最大超过45°	长石岩屑砂岩、石英砂岩夹板岩；灰岩	砂岩天然密度2.69g/m³，饱和抗压强度74.0MPa	第四系沉积物厚度4～15m，强风化岩厚度5～10m	3890万m³，坝址下游左岸4.0km，交通不便
3	枢纽3	3-1号	3700～4100	多在21°～34°	长石石英砂岩、长石砂岩夹板岩；砂板之比2～4:1	砂岩天然密度2.70g/m³，饱和抗压强度71.4MPa	第四系沉积物厚度0.5～2m，局部5m，强风化岩厚度10～20m	4000万m³，坝址下游4.0km，交通不便
		3-2号	3700～4100	30°～44°	中厚—厚层状长石岩屑砂岩、石英砂岩夹深灰色泥钙质板岩、绢云板岩，砂板岩比例为3～4:1	干密度为2.65～2.70g/cm³，砂岩的饱和抗压强度一般45～70MPa	第四系残坡积层厚度平均3m，基岩强风化带厚度一般6.0～15m	砂岩储量为3700万m³，坝址上游约3.0km

序号	坝址	石料场	高程/m	坡度	岩性	密度及抗压强度	覆盖层厚度	储量、位置及交通条件
4	枢纽4	4-1号	3800~4440		长石砂岩夹板岩；砂板之比3~4:1	砂岩天然密度2.71g/m³，饱和抗压强度79.7~87.60MPa	第四系沉积物厚度0~4m，局部5m，强风化岩厚度3m	5670m³，坝址上游7.0km，交通不便
		4-2号	3750~4350		石屑长石、石屑长石砂岩夹板岩；砂板之比7~10:1	干密度为2.67g/cm³；饱和抗压强度为58.4MPa	坡积碎石土5m以上	3017m³，距坝址6.0km
5	枢纽5	5号	3620~3760	21°~27°	中厚—厚层、局部巨厚砂岩夹板岩	干密度为2.62~2.68g/cm³；饱和抗压强度为53.40~87.20MPa	第四系残坡积层厚度4m，基岩强风化带厚度一般3~10m	2650万m³，坝址上游约2.5km
6	枢纽6	6号	3500~3600	15°~20°	长石石英砂岩夹板岩；砂板之比3~6:1	平均干密度2.70g/cm³，饱和抗压强度63.1MPa	第四系沉积物厚度10~30m，强风化岩厚度4~8m	960万m³，坝址上游2.3km，交通便利

备工作中需要进行详细的地质勘测，针对不同岩石性质，依据地质勘测情况对爆破设计参数进行调整。

4.1 堆石料的开采

4.1.1 堆石料开采方式

堆石料开采的方式决定堆石料的开采强度和开采成本，是石料场规划设计中的重大问题。目前常用的石料爆破方法主要有梯段控制爆破法和洞室爆破法。尽管洞室爆破方式具有一次爆破石方量大，成本低，对机械设备条件要求不高等优点，但考虑到其爆破石料大块率高，二次破碎工作量大，石料级配控制困难，不利于开挖装料，不适宜对石料级配要求较高的面板堆石坝对石料的开采。近年来，国内外堆石料开采中，梯段爆破已成为主要开采方式。结合南水北调西线工程枢纽大坝堆石料级配要求，重点对梯段爆破进行研究。

4.1.2 爆破石料技术要求

（1）块度要求。按填筑要求堆石料允许的最大颗粒粒径不应超过填铺层厚，一般为填筑层厚的0.8~0.9，主堆石应从严要求。

（2）大块发生率。采用垂直钻孔和一般钻孔间距进行梯段爆破时，大块发生率见表4.1-1。

表4.1-1　　　　　　　大　块　发　生　率

岩石坚固系数 f		6~8	9~11	12~14	15~17	18~20
大块尺寸/m	>0.75	8%	10%	12%	14%	16%
	>1.00	5%	7%	10%	12%	14%
	>1.2	3%	5%	7%	9%	10%

（3）超径石处理。可采用钻孔爆破法或机械破碎法。一般应在料场解小，不宜在坝面

进行。采用钻孔爆破时，钻孔方向应是块石最小尺寸方向。机械破碎是通过安装在液压挖掘机斗臂上的液压锤来完成的。还可以将超径石填筑到坝体下游面。

4.1.3 深孔梯段爆破

4.1.3.1 爆破设计要求

多年工程实践证明，堆石坝的填筑速度主要取决于堆石料的供应，要解决好堆石料的供应则取决于料场的爆破效果和运输道路的通行质量，无论采用何种方式爆破，都需要进行爆破设计。根据堆石坝对堆石料级配和填筑技术要求，梯段爆破设计的基本要求为：

(1) 控制石料粗颗粒直径分别小于不同填筑区设计的最大颗粒粒径要求，使爆破石料一次成型，避免或减少二次破碎。

(2) 设法提高5mm以下的细颗粒含量，增大坝料的不均匀系数，保证堆石料级配的连续性，以利于坝体填筑时提高压实度。

(3) 合理规划钻爆基本参数，扩大孔网面积，提高钻孔采爆率，以利于提高产量，降低成本。

(4) 减少爆破岩石的飞散，避免现场施工人员和机械的损伤。

(5) 避免或减轻爆破的后破裂作用，保证爆后梯段边坡岩石的稳定，以保证下次钻孔和施工的安全。

4.1.3.2 爆破与地质条件

岩体地质（岩石成分、岩层面产状、断层、节理、裂隙和软弱夹层等）是确定整个爆破方案的最重要因素。在进行地质调查和爆破设计时，主要应把握下列几点：

(1) 岩层面产状。爆破作用方向与岩层面产状的相互关系对爆破石料的颗粒组成有很大影响。当爆破作用方向与岩层面走向垂直时，爆破石料级配好，不均匀系数大，平行时，爆破石料较细，不均匀系数低。因此，在确定爆破方案时，考虑岩层产状是很重要的。

对于水平走向或缓倾角的岩层，炮眼最好垂直于层理面或大角度交叉，这样可以使炸药充分发挥破碎作用；对近于垂直走向陡倾角的岩层，应使爆破作用方向（即抵抗线）垂直于层理走向，或与主节理走向成10°左右的夹角。这样既有利于改善爆岩的破碎效果，又有利于爆后台阶的完整性和稳定性。

(2) 岩体的裂隙程度。岩体的裂隙分布对爆破效果的影响超过岩石的力学强度影响，甚至超过炸药本身的影响，因为爆破岩石的过程及其几何尺寸在很大程度上受药包附近的不连续界面的控制。分析抵抗线 W、裂隙间距 J 和石料最大粒径 M 三个变量的关系见表4.1-2。

表4.1-2   **W、J 和 M 三个变量的关系表**

序　号	W、J、M 间的关系	控制作用因素	大块（$>M$）出现可能性
1	$W>M>J$	裂隙	低
2	$W>J>M$	裂隙	高
3	$M>W>J$	裂隙	低
4	$M>J>W$	爆破	低
5	$J>W>M$	爆破	中等
6	$J>M>W$	爆破	低

在坝料开采爆破中，应根据地质调查和表 4.1-1 中各因素的关系确定抵抗线 W 的大小。当 $M>J$ 时，可采用较大抵抗线，即按 $W>M>J$ 的形式布孔，其大块率低，石料级配连续，同时单耗药量小；当 $J>M$ 时，可采用较小抵抗线，即按 $J>M>W$ 的形式布孔，以使岩石充分破碎，降低大块率。

（3）岩性及岩石成分。岩性及岩石成分决定岩石的强度特性，是确定单耗药量的主要因素之一。西线工程石料场岩性主要为砂岩及板岩，砂岩及板岩的单耗药量 K 值和 q 值见表 4.1-3。

表 4.1-3   砂岩及板岩的单位耗药量 K 值和 q 值表

岩石名称	岩 体 特 性	岩石坚固系数 f 值	K 值/ (kg/m³)	q 值/ (kg/m³)
砂岩	泥质胶结，中薄层或风化破碎者	4～6	1.0～1.2	0.4～0.5
	钙质胶结，中厚层，种细粒结构，裂隙不甚发育	7～8	1.3～1.4	0.5～0.6
	硅质胶结，石英质砂岩，厚层，裂隙不发育，未风化	9～14	1.4～1.7	0.6～0.7
板岩	泥质，薄层，层面张开，较破碎	3～5	1.1～1.3	0.4～0.6

表 4.1-3 中 K 值是标准抛掷爆破时爆破每立方米岩石所消耗的炸药量，q 值是指松动爆破时每立方米岩石所消耗的炸药量。该表是对 2 号铵梯炸药而言的，不同炸药尚需乘上换算系数 C（见表 4.1-4）。西线工程区及料场区岩石岩性主要为中厚层砂岩夹板岩或砂、板岩互层，坚固系数应为 3～14，坝基开挖采用 2 号铵梯炸药爆破时每立方米岩石所消耗的炸药量为 1.0～1.7kg/m³。石料开采采用 2 号铵梯炸药松动爆破时每立方米岩石所消耗的炸药量为 0.4～0.7kg/m³。

表 4.1-4   不同炸药用量的换算系数表

炸 药 名 称	换 算 系 数 C
2 号铵梯炸药	1
梯恩梯炸药	0.86
铵油炸药	1.0～1.1
水胶炸药	0.83～0.90
浆状炸药	1

4.1.3.3 梯段爆破的参数设计

梯段爆破主要参数有梯段高度 H，前排孔的底板抵抗线 W_1；超钻深度 h；炮孔深度 L；装药长度 L_1；堵塞长度 L_2；炮孔间距 a；炮孔排距 W_2；梯段坡面角 α；炮孔倾斜角 β；梯段上缘至前排孔口距离 b；钻孔直径 D。

（1）梯段高度。梯段高度 H 主要考虑为钻机、爆破和挖装创造安全和高效率的工作条件，一般按现有的钻机、挖装设备和开挖技术条件确定梯段高度，石料开采深孔梯段爆破梯段高度多采用 8～15m。

（2）钻孔直径。钻孔直径 D 一般根据装备能力、梯段高度、技术水平等条件确定，水利水电工程常用的孔径主要有 80mm、90 mm、100mm、150mm 等。当边坡进行控制爆破时，孔径不宜大于 100mm。

（3）炮孔倾斜角。斜孔的倾角 β 一般根据钻孔性能及爆区地质地形条件确定，倾角一般不小于 $60°$，习惯采用 $75°$ 左右，这一倾角对爆破较有利。

（4）炮孔深度。炮孔深度 L 由台阶高度和超钻深度 h 确定。

垂直孔深：
$$L = H + h \tag{4.1-1}$$

倾斜孔深：
$$L = (H + h)/\sin\beta \tag{4.1-2}$$

（5）超钻深度。超钻深度 h 是为了克服台阶底盘的夹制作用，使爆破后不留岩坎而形成较为平整的底部。一般情况下，梯段高度越大，坡面角越小，底板抵抗线越大，需要的超深越大。根据施工实践经验，超深 h 可由经验公式（4.1-3）、式（4.1-4）确定：

$$h = (0.05 \sim 0.35)W_1 \tag{4.1-3}$$

或
$$h = (0.12 \sim 0.30)H \tag{4.1-4}$$

当岩石松软时取小值，岩石较硬时取大值。

（6）底板抵抗线。底板抵抗线 W_1 是影响爆破效果的一个十分重要的参数，过大的抵抗线会造成根底多、大块率高、后冲作用大的后果，过小的抵抗线不仅浪费炸药、增大造孔工作量，而且容易抛散岩块、产生飞石，造成危害。底板抵抗线的大小与炸药威力、岩石爆破性、岩石破碎要求以及钻孔直径、台阶高度和坡面角等因素有关，实际施工时可采用下列简单经验公式确定。

按钻孔作业条件计算：
$$W_1 = H\cot\beta + B \tag{4.1-5}$$
式中　B——钻孔中心到坡顶线的安全距离，$2.5 \sim 3.0\text{m}$。

按台阶高度计算：
$$W_1 = (0.6 \sim 0.9)H \tag{4.1-6}$$

按炮孔直径计算：
$$W_1 = nD \tag{4.1-7}$$
式中　n——与炮孔倾角、岩石硬度有关的系数，一般 $n = 20 \sim 40$，硬岩取小值，软岩取大值。

（7）炮孔间距和炮孔排距。炮孔间距 a 一般由关系式（4.1-8）确定：
$$a = mW_1 \tag{4.1-8}$$
式中　m——密集系数。一般取 $0.8 \sim 1.4$，在宽孔距爆破中取 $2 \sim 4$ 或更大，第一排孔应选较小的密集系数。

炮孔排距 W_2。多排孔爆破时，孔距与排距是一个相关的参数，与孔径大小、即每孔装药量所能担负的破岩体积或单位孔深负担的面积 S 有关：
$$S = aW_2 \tag{4.1-9}$$

一般取 $a = 1.25b$，因此可根据前述参数计算排距 W_2。

当排间距呈等边三角形错开布置时：
$$b = a\sin 60° = 0.866a \tag{4.1-10}$$

（8）堵塞长度。合理的堵塞长度 L_2 和良好的堵塞质量，有利于改善爆破效果和提高炸药能量利用率。堵塞料一般就地取材，多为岩屑。堵塞长度一般可按式（4.1-11）、式（4.1-12）经验数据选取：

$$L_2 \geqslant (0.75 \sim 1.0)W_1 \qquad\qquad (4.1-11)$$

或 $$L_2 = (20 \sim 40)D \qquad\qquad (4.1-12)$$

（9）单位炸药消耗量。影响单位耗药量 q 的因素很多，主要有下列内容：

1）岩石的爆破性：岩石越坚硬、完整，炸药单耗就越高。

2）炸药的威力：炸药的威力越高，岩石破碎所需的炸药就越少，炸药单耗就越低。

3）自由面条件：自由面越多、好，则炸药单耗越小。

4）破碎块度的要求：如果要求破碎的块度小，则炸药单耗增大，反之减小。

合理的单耗一般是先根据经验选取几组数据，再通过现场试验确定，初始施工时进行现场爆破试验，梯段爆破单位炸药消耗量可按表 4.1-5 选取。

表 4.1-5   **单 位 炸 药 消 耗 量** q

岩石硬度系数 f	0.8~2	3~4	5	6	8	10	12	14	16	20
$q/(\text{kg/m}^3)$	0.4	0.43	0.46	0.5	0.53	0.56	0.6	0.64	0.67	0.7

注   表中数据以 2 号岩石硝铵炸药为准。

（10）单孔装药量。单排或多排孔爆破时，第一排孔的每孔装药量 $Q(\text{kg})$ 按式（4.1 -13）计算：

$$Q = qaW_1 H \qquad\qquad (4.1-13)$$

多排爆破时，从第二排孔起，以后各排孔的每孔装药量按式（4.1-14）计算：

$$Q = kqabH \qquad\qquad (4.1-14)$$

式中 k——克服前排孔岩石阻力的增加系数，一般取 1.1~1.2。

4.1.3.4　微差爆破技术

微差爆破又称毫秒爆破，就是在大规模的群孔爆破中，利用导爆管和毫秒电雷管将药包以毫秒级的时间间隔分段进行顺序起爆的方法。在坝料开采梯段控制爆破中，是必须采用的方法。所谓微差是指排间微差、孔间微差和孔内微差，在起爆网络设计时视具体情况选用。

（1）微差爆破的机理与效果。爆破运动中，在自由面条件下，最小抵抗线方向是岩石易于破坏和发生运动的主要方向。根据这一原理，可以认为：微差爆破的先后间隔时间非常短促（一般数十毫秒），在第一炮的裂隙或破裂漏斗刚刚形成的瞬间，第二炮（后爆药包）立即起爆，充分利用第一炮（先爆药包）所形成的裂隙或破裂漏斗构成的新自由面（自由面扩大，自由面增多），有利于后爆的应力波的反射拉碎作用，相应缩短了最小抵抗线，随之减弱了岩石的夹制和对爆破的阻力，分离出来的岩块获得的初速度比先爆的大，变动能为机械能；由于最小抵抗线方向的改变使分离的岩块在运动中剧烈碰撞的机会增多，岩块继续破碎；加上先后药包在岩石内形成应力波叠加，加强岩石的破坏作用，所以微差爆破能得到比较好的效果。

合理的微差间隔时间，使先后起爆所产生的地震能量在时间上和空间上错开，特别是错开地震波的主震相，从而大大降低了地震效应。此外，先后两组地震波的干扰作用，也会降低地震效应。总的说来，微差爆破比普通爆破可降震 30%~70%。但必须指出，地震效应降低很大程度上与整个爆区的总药量分散为多段起爆（化多为少）有关，微差爆破控制每一段最大药量所产生的爆炸能，从而削减了地震波的峰值，减少了对周围环境的不良影响。

（2）微差爆破间隔时间的确定。微差爆破将一次爆破分成若干段，每段之间有一间隔时间（以 ms 计）。其间隔时间取决于爆炸应力波在介质中的发展以及爆炸气体的作用。而应力波的发展和作用又跟岩体地质条件和爆破参数大小密切相关。在选择间隔时间时应考虑以下因素：岩体性质，包括岩石致密程度、硬度和裂隙发育程度；孔网参数，包括抵抗线、孔距、排距等，以及炸药的性质与密度、每孔装药量。若岩石坚硬、裂隙不发育，抵抗线和孔排距较小以及使用高爆速炸药时，可取间隔时间短些，反之则宜长一些。

微差间隔时间算式很多，按克纳因卡耶提出的公式，由三项组成，即：

$$t=t_1+t_2+t_3 \qquad (4.1-15)$$

式中　t_1——炮起爆后应力波从药包到达自由面后再返回的时间，ms，一般为 1～2ms；

　　　t_2——形成长度等于抵抗线的裂缝所需的时间，ms；

　　　t_3——裂缝宽度达到 8～10cm 所需时间，ms。

爆破漏斗的形状大体上见图 4.1-1，则

$$t_2=\frac{W}{v_t x \cos\beta} \qquad (4.1-16)$$

式中　W——爆破抵抗线；

　　　v_t——裂缝传播速度，一般取 1700m/s；

　　　x——介质裂化能力系数，依据岩石及其硬度而定。

$$t_3=v_r B \qquad (4.1-17)$$

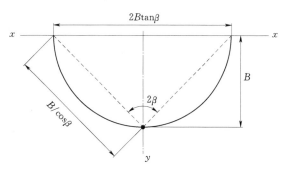

图 4.1-1　爆破漏斗形状示意图

式中　v_r——岩石抛掷移动的平均速度，一般取 10m/s，或 1cm/ms；

　　　B——宽度，取 $B=8$～10cm。

若抵抗线 $W=2$～4m，介质裂化能力系数为 0.6～0.9，根据式（4.1-16）计算得 t_2 =2.8～1.9ms 或 5.6～3.8ms；根据式（4.1-17）得：$t_3=8$～10ms。则 $t=2+5.6+10$ =17.6ms。

计算微差间隔时间还可以按线性公式（4.1-18）计算：

$$t=KW_1(24-f) \qquad (4.1-18)$$

式中　t——保证岩石由小破碎的最优延缓时间，ms；

　　　f——岩石硬度系数，见表 4.1-5；

　　　W_1——底板抵抗线；

　　　K——岩石裂隙系数，按表 4.1-6 选用。

工程实践中，需要将公式计算结果与目前国产微差雷管或导爆管的秒量规格和实测记录进行对照分析，选择使用。建议使用前抽样监测到货产品的质量（包括准爆及作用时间）。

表 4.1-6	岩石裂隙系数	
裂缝分类	裂缝岩块最小边长/m	岩石裂隙系数 K
少	>1	0.5
中等	0.5~1	0.75
发育	0.5	0.9

4.1.3.5 挤压爆破

爆破工作面先爆岩块上留有松散堆渣，堆渣是后爆岩石的缓冲层，它能改善冲击坡的分布，延缓其作用时间，促使爆破过程中来不及扩展的表面附近的裂隙继续扩张，从而减少因自由面应力波反射和卸载作用而产生的大块石。堆渣可限制和阻碍爆破振动作用和应力波作用，使岩块沿原有不连续面崩塌、震落、开裂形成大块面。此外，新分离的岩块带有一定的能量，以 50~100m/s 的速度冲击堆渣和前爆破体，两者均得到进一步破碎，而减少过多的能量用于抛掷岩块和产生空气冲击波。

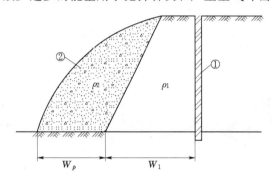

图 4.1-2 挤压爆破示意图
①—炮孔；②—堆渣

此方法经常与微差爆破同时使用，故又称为微差挤压爆破。

挤压爆破时，爆破工作面先爆岩块上留有松散堆渣，这些堆渣的性质和形态直接影响挤压爆破的质量。挤压爆破除了同微差爆破方法一样合理选择间隔时间外，挤压爆破的参数主要指堆渣的松散系数和厚度，见图 4.1-2，假设岩石密度为 ρ_1，前排孔底板抵抗线为 W_1，在工作面前的堆渣密度为 ρ_2，堆渣厚度为 W_p，则堆渣的松散系数 K_p 为：

$$K_p = \frac{\rho_1}{\rho_2} \tag{4.1-19}$$

K_p 值越大，表示堆渣越松散。

对于 K_p、W_p 值，常根据经验选择，有：

$$1.3 \sim 1.4 \geqslant K_p \geqslant 1.15 \tag{4.1-20}$$

$$\frac{W_p}{W_1} \leqslant 1 \tag{4.1-21}$$

K_p、W_p 值选择不合理，在爆破时可能产生"硬墙"，即在接近爆破工作面的地方，堆渣被爆破压实，松散系数变得很小，这种"硬墙"会大大降低挖掘机械的工作效率。为防止"硬墙"的产生，有下列三种途径：

(1) 尽可能提高堆渣的松散系数，也就是对上一循环的爆破采取一定措施，在孔距不变时，将最后一排孔距缩小 10% 左右，增加最后一排的总装药量；或装以高威力、高密度炸药，提高最后一排孔的爆破能力；在安全允许条件下，适当延长最后一排孔的起爆时间，以增加此排孔爆破岩石的位移量；提高岩堆的松散系数，减少堆渣的存放时间。

（2）降低堆渣厚度 W_p，以改善挤压爆破第一排孔的爆破质量。

（3）在挤压参数不合理时，可采用能量补偿措施改善挤压爆破第一排孔的爆破质量，主要有以下办法：增加第一排孔单位耗药量，每孔药量增加 15%～20%；若炮孔容积不足，可使用威力大、密度大的炸药，使爆破能量提高 30%～40%；减少 W_1 值，减少破碎该排孔前面岩体所需的能量。

4.2 国内部分堆石坝堆石料开采爆破参数实例

4.2.1 黄河小浪底黏土斜墙堆石坝堆石料开采

（1）料场特性。小浪底黏土斜墙堆石坝的各种堆石料均从料场开采。经过详细的规划、勘探和试验工作，选定了储量充足、质量优良、场地开阔、便于开采加工的石门沟石料场。

石门沟石料场岩石为三叠系刘家沟 T_1^{3-1}、T_1^{3-2} 和 T_1^4 岩组，上覆黄土厚 10～30m，为寺院坡土料场的一部分。T_1^4 岩性为巨厚层硅质石英细砂岩，层厚 60m；T_1^{3-2} 岩性以厚层泥钙质粉细砂岩为主，夹厚层、中厚层硅钙质细砂岩，层厚 30m；T_1^{3-1} 岩性为巨厚层硅质、钙质石英细砂岩，层厚 28～31m。各岩层中夹有少量黏土岩。硅质、钙质石英细砂岩饱和单轴抗压强度大于 200MPa，泥钙质粉细砂岩饱和单轴抗压强度大于 100MPa。T_1^4 岩石勘探储量为 2000 万 m^3，T_1^3 岩石勘探储量为 1462 万 m^3，为大坝填筑使用量的 1.73 倍。

（2）开采方法。石料开采采用台阶爆破法施工，爆破方法采用深孔梯段松动爆破。由 Tamrock CHA1100C 型液压履带钻机钻爆破孔，该型号钻机性能优良，可自动换接钻干，钻速达 30m/h，Hitachi EX1800 型正铲挖掘机和 Cat 992D 型轮式装载机挖装爆破石碴，Perlini DP755 型自卸汽车运输直接上坝。

（3）爆破参数。通过爆破试验，最终确定小浪底采石料场爆破参数见表 4.2-1。

表 4.2-1　　　　　　　　　　小浪底采石料场爆破参数

类　别	准备工作和小规模台阶爆破		常规台阶爆破	
孔径/mm	76	89	102	107
最小抵抗线/m	2～3	3～3.5	3.5～4.5	4.5～6
孔距/m	2～3	3～3.5	3.5～4.5	4.5～6
孔深/m	3～10	3～12	9～12	9～12
单位药量/(kg/m³)	0.250～0.350	0.250～0.350	0.250～0.350	0.250～0.350
填塞长度/m	2.5～3.5	3～4	3.5～4.5	4.5～6
孔斜/(°)	5～15	5～15	5～15	5～15
底部超钻/m	0.5～1	0.5～1	1～1.5	1～1.5

4.2.2 莲花水电站 3 号石料场坝料开采爆破试验

（1）料场特性。石料场岩性为混合花岗岩，其间穿插有发育岩脉、强风化带构造裂隙和风化裂隙发育，岩石饱和抗压强度 94.9～179.2MPa。

（2）开采方法。石料采用深孔梯段微差挤压爆破方式开采，由 CM351 和 CLQ-80 型潜孔钻钻爆破孔。

（3）爆破参数。通过爆破试验，最终确定莲花水电站不同地质情况下最优爆破参数见表4.2-2、表4.2-3。

表4.2-2　　　　　　不同地质情况下最优爆破参数（$D=90mm$）

序号	f值	A值	孔网参数/(m×m)	装量Q/kg	单耗q/(kg/m³)	X_{50}/mm	n值	X_0/mm	>600mm含量	<5mm含量	岩石结构状态	布孔形式
1	6～8	5	2.5×2.5	4.23	0.677	128	0.94	189	5.2	3.2	裂隙发育	梅花形
2	6～8	6	2.5×2.2	4.23	0.874	125	0.93	185	5.0	3.4	裂隙发育	梅花形
3	8～10	7	2.0×2.0	4.23	1.06	125	1.999	180	4.6	2.7	中等坚硬	V形
4	10～12	8	1.8×1.8	4.23	1.31	120	0.948	177	4.2	3.3	坚硬、裂隙发育	V形
5	12～14	9	1.7×1.7	4.23	1.46	124	0.908	186	5.5	3.7	坚硬、裂隙发育	V形
6	14～16	10	1.6×1.6	4.23	1.65	125	0.946	184	4.7	3.2	坚硬裂隙少	V形

表4.2-3　　　　　　莲花水电站各填筑料爆破设计参数

爆破坝料分区		主堆石料	次堆石料	过渡料层
岩石风化界限		弱风化或强风化	强风化层中卜部	微新岩体
梯段高度/m		不小于8	不小于8	不小于8
梯段坡面倾角/(°)		大于75	大于70	大于70
单耗q/(kg/m³)		1.0～1.07	0.65～0.75	1.20～1.55
孔网参数	孔距a/m	1.5	2.3	1.5
	排距b/m	1.5	2.63	1.0
	孔径D/mm	90～100	90～100	90～100
	孔深/m	10	8.5～9.5	9.5
	钻孔倾角/(°)	70	70	70
	最小抵抗线/m	1.5	2.3～2.5	1.0
单孔控制装药量/kg		25	30	26
药段总长/m		4.8	5.0	5.2
填塞段总长/m		5.2	3.69	4.8
装药分段		四段	三段	五段
一般布置排数		5～7	5～8	5～7

注　炸药采用密山2号岩石硝铵炸药。

4.2.3　小山水电站混凝土面板坝坝料开采爆破试验

（1）料场特性。料场距坝址2.5km，岩性为多斑石英安山岩，弱风化安山岩，岩石比重$G=2.74$；干抗压强度为（63.5～85.2）MPa；软化系数0.75～0.82；抗拉强度（3.3～4.7）MPa；弹性模量（35～37.7）GPa；泊松比0.22～0.26。

（2）开采方法。采用深孔梯段微差挤压爆破开采，在剥离覆盖层后进行爆破开采，试验结合采石场开挖进行，采用CM351高风压钻和KQ-150潜孔钻钻爆破孔。

（3）爆破参数。通过爆破试验，最终确定钻爆参数见表4.2-4。

表 4.2－4　　　　　　　　　　　　　采石场坝料开采钻爆参数

试验项目	钻孔设备	钻孔参数					孔网布置	起爆类型
		孔径 /mm	孔距 /m	排距 /m	梯段高度 /m	倾角 /(°)		
堆石料	CM351	110	2.5	2.5	12.5	78	梅花型	排间微差
堆石料	KQ－150	175	5	4	12～13	75	梅花型	排间微差

4.3　高原寒冷地区堆石料开采的施工组织

高原寒冷地区混凝土面板堆石坝堆石料爆破开采，在时间上分暖季和寒季两个阶段，两个阶段的开采方式及爆破方式、方法与非高原寒冷地区堆石坝石料开采方式、方法无大的区别，只是必须结合当地石料场的岩石地质条件，按照石料级配要求进行必要的爆破试验。由于冬季坝体采用薄层碾压，石料粒径相对减小，炸药单耗随之增高。

作为高原寒冷地区的堆石坝，搞好坝体填筑与石料开采的挖、填平衡，作好施工组织，搞好施工调度是十分必要和行之有效的。通过以往高寒地区的工程实践，可在施工组织上采取以下措施。

（1）调整施工进度，搞好暖季施工。无论是从施工机械效率、施工组织、布置方面，还是从施工安全方面，暖季施工较寒季施工都是有利的。因此，在施工进度和强度允许、施工程序可能的条件下，充分利用暖季，减少或避免寒季施工，是高寒地区混凝土面板堆石坝施工中经常采取的措施。

（2）利用暖季备料，减少冬季开挖。施工进度要求必须进行冬季施工时，也可以利用暖季备料，减少冬季的岩石开采爆破。对于高寒地区，由于冬季的寒冷低温，岩石钻孔效率很低，造成施工成本大幅度增加。因此，利用暖季加大开采强度，储存一定数量的石料是减少冬季施工困难的有效途径。据莲花工程统计，钻孔机械冬季施工效率仅是额定效率的30%～50%，1992～1996年，平均每个冬季增加施工成本1400万元。

（3）搞好设备养护，保证设备完好。为了搞好冬季的石料开采，搞好开采设备的养护、保证设备完好是十分必要的。为此，在开采场附近应建有较为完善的设备保养场，包括修理厂、存放库等。这些厂、库均应有良好的供暖设施，保证设备在适宜温度下存放。可能的情况下，钻孔场地也应有取暖措施，以保证机械能够在－20～－35℃的气候条件下作业。

（4）提高施工人员的生产意识、勤观察，及时消除对施工不利的各种因素。

4.4　南水北调西线工程堆石坝料开采推荐采用的爆破参数

4.4.1　各枢纽大坝石料场特性

西线工程共布置有7座堆石坝，其中钢筋混凝土面板堆石坝4座、沥青混凝土心墙堆石坝2座和黏土心墙堆石坝1座。通过各枢纽土石方平衡计算，各枢纽大坝填筑堆石料和过渡料大部分需由料场开采获得。根据各枢纽石料场分布、地形和地质情况、储量等，西线工程共选择10个堆石料场。

4.4.2 石料场开采方法

根据坝体填筑料特性和填筑强度要求，以及石料场位置分布和岩石特性，过渡料、堆石料和护坡块石料采用深孔梯段微差爆破开采。由液压潜孔钻机造孔，炸药混装车现场混制装药。

4.4.3 拟推荐的爆破参数

根据各料场开采强度和施工进度的要求，在满足料场总体布置和料场总体规划的需要，为所选机械设备创造高效率的工作条件下，结合国内已建类似工程石料场爆破开采经验，初步拟定南水北调西线工程石料场开采爆破参数见表4.4-1。

表 4.4-1 南水北调西线工程石料场石料开采钻爆参数表

| 石料种类 | 钻 孔 参 数 | | | | | 单孔装药 /kg | 孔网布置 | 起爆类型 |
	孔径 /mm	孔距 /m	排距 /m	梯段高度 /m	倾角 /(°)			
过渡料	90	4	3.5	10	90	107.52	梅花型	排间微差
堆石料	115	5	4	15	90	230.40	梅花型	排间微差

5 高原寒冷地区堆石坝坝体填筑强度论证

5.1 堆石坝坝体填筑强度拟定原则

(1) 满足总工期及各高峰期导流度汛的工程形象要求，且各强度较为均衡，注意利用临时断面调节填筑强度。

(2) 月填筑强度与坝体总量比例协调，一般可取 1：20～1：40。黄河小浪底坝为 1：35，陕西黑河坝为 1：15，云南鲁布革坝 1：18，广西天生桥一级 1：15。分期导流和一次导流的工程在选取此比值时，应注意其差异。

(3) 月不均衡系数宜在 1.5～2.5 之间选用，日不均衡系数宜控制在 2.0 左右。月不均衡系数如毛家村坝 2.73，升钟坝 2.80，石头河坝 1.93（高峰年 1.3），小浪底坝 1.31，黑河坝 2.33，日不均衡系数如黑河坝 1.69（心墙料 1.35，坝壳料 2.15），石头河坝 2.22（高峰年）。

(4) 填筑强度与开采能力、运输能力相协调，其中坝料运输线路的标准和填筑强度的关系尤为重要。

(5) 填筑强度拟定应考虑高原环境条件对机械设备生产效率的影响。

(6) 填筑强度要经过数次综合分析并反复论证后才能确定。要进行开挖、运输强度的复核，还要根据工程总工期、大坝的施工分期、施工场地布置、上坝道路、挖填平衡和技术供应等方面的统筹协调。

5.2 高原寒冷地区堆石坝坝体填筑层厚论证

堆石的铺层厚度对压实效果影响甚大。铺层厚度愈薄，愈容易压实，如 80cm 铺层厚度与 160cm 铺层厚度相比，在相同的压实功能条件下，前者的干密度可提高 8%，压实模量可提高 50%。但从生产效率考虑，厚度愈薄，坝料需要开采、填筑的成本愈高，坝体填筑强度愈低，因为，填筑厚度薄，要求坝料最大粒径小，开采费用高，而且，填层厚度薄，所需要的碾压层数增多。可见，铺层厚度并非越薄越好，而应经过现场碾压试验根据坝体各区的填筑标准，选择最优的铺层厚度。国内部分堆石坝施工填筑层厚统计见表 5.2-1。

表 5.2-1　　　　　　　　　国内部分堆石坝施工填筑层厚统计表

工程名称	坝型	填筑层厚/cm					
		黏土	垫层料	垫层小区	过渡层	主堆石	次堆石
公伯峡	面板堆石坝		40	20	40	60～80	100
西流水	面板堆石坝		40	20		80	
白杨河	面板堆石坝		40		40	80	

工程名称	坝型	填筑层厚/cm					
		黏土	垫层料	垫层小区	过渡层	主堆石	次堆石
楚松	面板砂砾石坝				40	70～80	
查龙	面板堆石坝		30～40			60～80	
天生桥Ⅰ级	面板堆石坝		40	40	40	80	80
小浪底	斜心墙堆石坝	20～25			35	120	
莲花	面板堆石坝		40	15	40	常温：80 负温：60	常温：100 负温：80
吉林台	面板堆石坝		40			80	80
西线工程	面板堆石坝/ 沥青心墙坝/ 黏土心墙坝	20	40	20	40	常温：80 负温：60	常温：100 负温：80

根据南水北调西线工程各堆石坝填筑强度要求、各填筑料最大粒径要求和选用碾压设备特性，结合国内已建堆石坝各填筑料填筑层厚度实践经验，初步拟定工程大坝各填筑料填筑层厚度，最终填筑层厚度需通过现场碾压试验确定。

5.3 堆石坝施工仓面加水及加水量论证

高原寒冷地区堆石坝填筑仓面是否加水，涉及施工设备、工序、费用、工程质量和工程进度等。碾压式堆石坝是分层填筑、分层碾压的，加水也是分层加水。一般来说加水的目的主要有下列三点：

（1）加水后，石料颗粒表面由干燥状态变为湿润状态，使颗粒间摩擦力减小，有利于颗粒相互充填，增大密度。

（2）加水后某些颗粒，尤其是软岩颗粒浸润、软化，在压实过程中破碎、变形，达到减小坝体蓄水运行期变形的目的，有利于坝体的稳定。

（3）加水后，水在石料孔隙中流动，携带细颗粒移动，有利于颗粒相互充填，增大密实度。

试验表明，只要堆石中含有足够的细颗粒，加水量对任何类型的堆石都有影响。对于强度较低或吸水率较高的岩石，加水效果较为明显；对于吸水率低（饱和面干含水量小于2%）的坚硬岩石，加水效果不明显，可以少加或不加水。

5.3.1 有关规范对仓面加水的要求

《碾压式土石坝施工规范》（DL/T 5129—2001）条文说明10.2.11条中规定，"砂砾料、堆石料为提高其压实效果，在无试验资料的情况下，砂砾石的加水量宜为填筑工程量的20%，堆石加水量依其岩性、风化程度而异，一般不超过填筑工程量的15%"。

5.3.2 堆石填筑仓面加水与不加水的工程实例

填筑中先加水，以后中断加水的工程见表5.3-1，填筑中加水的工程汇报见表5.3-2，填筑中不加水的工程汇报见表5.3-3。

表 5.3-1　　　　　　　　　填筑中先加水，以后中断加水的工程

序号	坝名	国别	最大坝高/m	填筑材料	加水量/%	建成时间/年
1	比阿斯（Beas）	印度	134.2	砂卵石	100	1963～1973

表 5.3-2　　　　　　　　　填筑中加水的工程汇总表

序号	坝　名	坝　型	国别	最大坝高/m	填筑材料	加水量/%	建成时间/年
1	西拉（Sira）	混凝土面板堆石坝	挪威	129	砂砾石、堆石	100	1980
2	塞特斯（Setsi）	混凝土面板堆石坝	瑞士	85	砂砾石	100	
3	塞斯（Sance）	混凝土面板堆石坝	捷克	65	堆石	50	
4	伯特德马斯（Portodemoaros）	混凝土面板堆石坝	西班牙	93	碎石料	20	
5	公伯峡	混凝土面板堆石坝	中国	139			2003
6	依塔（ITA）	混凝土面板堆石坝	巴西	125	玄武岩堆石	100L	2000
7	阿里亚	混凝土面板堆石坝	巴西	160	玄武岩堆石	25	1980
8	辛戈	混凝土面板堆石坝	巴西	150		150L	1994

注　1. 公伯峡工程堆石填筑冬季不加水，薄层碾压。

　　2. 莲花水电站堆石坝主、次堆石填筑常温下加水15%～25%，冬季不加水，薄层碾压。

表 5.3-3　　　　　　　　　填筑中不加水的工程汇总表

序号	坝名	坝型	国别	最大坝高/m	填筑材料	建成时间/年
1	手取川（Tedorigawo）	心墙堆石坝	日本	153	坝壳砾岩、堆石	1974～1980
2	界伯奇（Gpotsh）	心墙堆石坝	奥地利	153	片麻岩堆石	1961～1965
3	奥洛维尔（Oroxille）	斜心墙堆石坝	美国	235	砂卵石	1963～1968
4	英菲尔尼罗（Inferilo）		墨西哥	148	堆石料	1963
5	本奈特（Bennett）	心墙堆石坝	加拿大	183	砂卵石、块石	1963～1968
6	卡尔台尔（Carters）	心墙堆石坝	美国	141	石英岩堆石	1967～1969
7	小浪底	斜心墙堆石坝	中国	154	硅质砂岩	1995

综上所述，对砂砾石、堆石这类粗颗粒、强透水料，有些规范要求在填筑料中充分加水，堆石料加水量大于砂砾石料，有些工程施工中加水填筑，加水量分别为0.2倍、0.3倍、0.5倍或1倍的填筑工程量，一些超过百米的碾压式土石坝、堆石坝大型工程，采用不加水填筑，这些工程建成多年后运行良好。

关于碾压式土石坝填筑中的加水问题，日本手取川坝、美国奥洛维尔坝、黄河小浪底坝（试验资料见表5.3-4和5.3-5）在现场对填筑石料进行过加水和不加水填筑对比试验。试验资料证明，加水与不加水填筑的压实效果差别很小，施工中均采用了不加水填筑，后期运行良好，证明不加水填筑是成功的。

通过表5.3-4和表5.3-5加水与不加水对比试验结果表明，沉降变形量仅增加1～3mm，由于层厚不同，沉降变形反而减小0.1%～0.4%，干密度仅增加0～0.013g/cm³，也证实了加水对压实效果影响甚微。采用加水方法，不但要耗费大量资金，增加施工工

序，干扰现场布置，污染邻近料区，而且一旦供水、排水系统发生事故导致附近料区的浸湿，会影响工程质量、进度和投资，故从经济技术综合比较，西线工程地处寒冷区，加水会使工程进度大打折扣，西线工程堆石坝填筑施工采用不加水也是可行的，但考虑到现阶段未进行碾压试验，为谨慎起见，仍按加水碾压考虑。

表 5.3-4 小浪底大坝 4A 类堆石加水与不加水碾压对比试验结果（沉降变形部分）

测试项目	第一次试验			第二次试验		
	加水	不加水	相差值	加水	不加水	相差值
测试面积/(m×m)	20×30	10×30		5×30	5×30	
测点个数	154	80		63	63	
铺料前高程 H_0/m	139.714	139.344		159.397	159.45	
铺料后高程 H_1/m	140.764	140.232		160.318	160.318	
铺料层厚/cm	105	88.8		92.1	86.8	
铺填工程量/m³	630	266.4		138.2	130.2	
加水量/m³	300	0		75	0	
加水率/%	47.6	0		54.9	0	
碾压后高程/m	140.733	140.193		160.286	160.287	
压实沉降变形量/cm	4.2	3.9	0.3	3.2	3.1	0.1
沉降变形率/%	4	4.4	—0.4	3.47	3.57	—0.1

表 5.3-5 小浪底大坝 4A 类堆石加水与不加水碾压对比试验结果
（颗粒组成、含水量、干密度部分）

测试项目		第一次试验		第二次试验	
		加水	不加水	加水	不加水
测试面积/(m×m)		20×30	10×30	5×30	5×30
平均铺料层厚/cm		105	88.8	92.1	86.8
加水率/%		47.6	0	54.9	0
颗粒组成/%	>250mm	31.5	19.2	23.9 28.4	40.03
	>4.74mm	84.75	80	93.14 96.33	92.62
	<4.75mm	15.25	20	6.86 3.67	7.38
含水量/%		2.58	1.92	2.39 4.54	2.32
干密度/(g/cm³)		2.138	2.128	2.176 2.181 2.178	2.165
密度差值		0.006		0.013	

5.4 南水北调西线工程各枢纽大坝填筑强度分析

5.4.1 工程概述

南水北调西线工程 7 座水库坝址为：雅砻江的枢纽 1、达曲的枢纽 2、泥曲的枢纽 3、色曲的枢纽 4、杜柯河的枢纽 5、玛柯河的枢纽 6 和克曲的枢纽 7。最大坝高为 192.00m，其他坝高为 30～140m。

枢纽 1 由混凝土面板堆石坝、溢洪道、泄洪洞、放空洞、引水电站和生态电站等建筑物组成；混凝土面板堆石坝坝顶高程 3713.00m，坝顶长 567.87m；竖井式泄洪洞 1 条，生态引水发电兼放空洞 1 条，溢洪道 1 座，引水电站和生态电站各 1 座，装机容量共约 140MW。

枢纽 2 由沥青心墙堆石坝、泄洪洞和引水电站等建筑物组成；沥青心墙堆石坝坝顶高程 3723.00m，坝顶长 542.00m；竖井式泄洪洞 1 条，引水泄洪洞 1 条，引水电站 1 座，装机容量 24.30MW。

枢纽 3 由混凝土面板堆石坝、泄洪洞和引水电站等建筑物组成；混凝土面板堆石坝坝顶高程 3707.30m，坝顶长 598.50m；高位泄洪洞 1 条，引水泄洪洞 1 条，引水电站 1 座，装机容量 23.00MW。

枢纽 4 由混凝土面板砂砾石坝/混凝土重力坝和引水电站；大坝坝顶高程 3763.20m，坝顶长 679.85m；重力坝段溢流堰顶高程 3758.00m；引水电站 1 座，装机容量 25.00MW。

枢纽 5 由沥青心墙堆石坝、泄洪洞和引水电站等建筑物组成；沥青心墙堆石坝坝顶高程 3638.20m，坝顶长 673.10m；泄洪洞 2 条，其中一条由导流洞改建成龙抬头泄洪洞，引水电站 1 座，装机容量 23.30MW。

枢纽 6 由混凝土面板堆石坝、泄洪洞和引水电站等建筑物组成；混凝土面板堆石坝坝顶高程 3636.70m，坝顶长 546.38m；引水泄洪洞 1 条，洞式溢洪道 1 座，引水电站 1 座，装机容量 20.20MW。

枢纽 7 枢纽由黏土心墙堆石坝、溢洪道、泄洪洞和引水电站等建筑物组成；黏土心墙堆石坝坝顶高程 3562.00m，坝顶长 392.00m；溢洪道 1 座，泄洪洞 1 条，引水电站 1 座，装机容量 7.20MW。

工程各坝址主要指标见表 5.4-1。各枢纽大坝填筑工程量及填筑强度指标见表 5.4-2。

表 5.4-1　　　　　　　　　工程各坝址主要指标表

引水河流	雅砻江			大渡河			
	雅砻江	达曲	泥曲	色曲	杜柯河	玛柯河	克曲
坝址名称	枢纽 1	枢纽 2	枢纽 3	枢纽 4	枢纽 5	枢纽 6	枢纽 7
坝址高程/m	3527.00	3604.00	3598.00	3747.00	3539.00	3538.00	3470.00
控制流域面积/km²	26535	3487	4650	1470	4618	4035	1534
坝址多年平均径流量/亿 m³	60.72	10.32	11.49	4.12	14.45	11.08	6.06
坝址多年平均引水量/亿 m³	42.00	7.00	7.50	2.50	10.00	7.50	3.50
正常高水位/m	3707.00	3716.40	3702.70	3758.00	3634.20	3632.62	3559.28
引水位（死水位）/m	3660.00	3640.00	3635.00	3758.00	3575.00	3570.00	3510.00
校核洪水位/m	3708.55	3718.56	3704.55	3759.80	3636.22	3634.42	3560.31
设计洪水位/m	3707.73	3716.99	3703.06	3759.53	3634.85	3632.62	3560.06

引水河流	雅砻江			大渡河			
	雅砻江	达曲	泥曲	色曲	杜柯河	玛柯河	克曲
总库容/亿 m³	38.18	5.0	4.69		5.33	4.26	1.24
坝顶高程/m	3713.00	3720.40	3707.20	3763.10	3638.20	3636.70	3562.10
最大坝高/m	192.00	132.80	119.50	30.00	110.90	105.10	98.80
坝顶长度/m	567.87	535.18	598.22	679.85	673.14	546.38	392.00
坝型	混凝土面板堆石坝	沥青心墙堆石坝	混凝土面板堆石坝	混凝土面板砂砾石坝	沥青心墙堆石坝	混凝土面板堆石坝	粘土心墙堆石坝
建筑物级别	1级	1级	1级	3级	1级	1级	1级

表 5.4-2　　　　　　　　　　各枢纽大坝填筑工程量及填筑强度指标表

序号	项目名称	单位	工 程 量							
			枢纽1	枢纽2	枢纽3	枢纽4	枢纽5	枢纽6	枢纽7	合计
1	堆石料填筑	万 m³	1527.10	889.16	633.71	28.50	880.93	526.07	348.54	4836.22
2	垫层料/反滤料	万 m³	55.32		18.95	0.71		18.00	36.43	129.41
3	过渡料	万 m³	99.47	36.27	27.56	3.64	42.80	24.80		234.54
4	土料/沥青混凝土	万 m³	11.72		5.42			7.60	80.43	105.17
5	最大月平均填筑强度	万 m³/月	43.77	34.78	27.34	5.74	35.19	30.07	24.03	200.92

　　7座枢纽大坝均为堆石坝，从工程规模、填筑工程量、填筑强度看，枢纽1混凝土面板堆石坝最大，最大坝高192.0m，最高月平均填筑强度43.77万 m³/月，因此，南水北调西线工程枢纽大坝填筑强度分析以枢纽1面板堆石坝填筑强度分析为例。

5.4.2　枢纽1混凝土面板堆石坝大坝填筑施工

5.4.2.1　施工特性

　　枢纽1由混凝土面板堆石坝、溢洪道、泄洪洞、放空洞、引水电站和生态电站等建筑物组成；混凝土面板堆石坝坝顶高程3713.00m，最大坝高192.0m，坝轴线长567.87m，坝顶宽15.0m，上游坝坡1:1.6，下游坝坡1:1.6，坝后布置有一条"之"字形上坝道路。

　　枢纽1大坝填筑总工程量1693.61万 m³，其中垫层料55.32万 m³，过渡料99.47万 m³，堆石料1527.10万 m³，土料11.72万 m³。

5.4.2.2　施工时段及施工天数分析

　　(1)施工时段。根据《水利水电工程施工组织设计规范》(SL 303—2004)的要求，结合实际工程经验，考虑该地区的气候特点，下游气象站日平均出现负气温初日为11月14日，终日为3月3日。考虑到工程海拔比气象站高，且位于深山峡谷区，土石方露天工程施工时段拟定为每年的3月15日至次年11月15日。

　　(2)施工天数分析。

　　1)施工天数分析依据：①《水利水电工程施工组织设计规范》(SL 303—2004)；②

甘孜和炉霍气象站气象资料。

2）石料填筑有效施工天数，见表5.4-3。

表5.4-3　　　　　　　　　石料填筑施工天数统计表

项目 ＼ 日期	1	2	3	4	5	6	7	8	9	10	11	12	全年
日历天数	31	28	31	30	31	30	31	31	30	31	30	31	365
星期日停工	5	4	4	4	5	4	4	5	4	5	4	4	52
节假日停工	1	3		1	1	1			1	3			11
降雨日停工							1						1
低温季节停工	25	21	15								13	27	101
停工重合天数			2								2	4	8
施工天数	0	0	14	25	25	26	26	26	25	23	13	0	203

注　表中施工天数未扣除因低温和大风造成停工天数。

停工标准：

a. 法定节日停工：元旦1天，春节3天，清明节1天，劳动节1天，端午节1天，中秋节1天，国庆节3天，共计11天。

b. 星期日停工。

c. 日降雨量大于30mm雨日停工。

d. 日平均气温低于-10℃时停工。

根据甘孜气象站气象资料，考虑寒冷的冬季停工，即每年11月16日至次年3月14日停工，堆石填筑年有效施工月数为8.0个月，在未考虑暖季月份低温停工情况下，有效施工天数为203天，月平均有效施工天数25.4天。

5.4.2.3　大坝填筑上坝道路布置

根据坝址区地形、地质条件及料场分布情况，综合考虑坝基开挖和坝体填筑施工及强度的要求，施工道路布置以左岸岸坡道路和坝后"之"字路为主。结合场内施工干线道路布置情况，左岸布置有下游A-4号、A-5号、A-6号干线道路及从A-6号干线道路引接的高程3625.0m道路和上游A-8号、A-9号干线道路和从A-9号干线道路引接的高程3600.0m道路，右岸布置有下游A-14号、A-15号干线道路及从A-14号干线道路引接的高程3590.0m道路。场内干线道路路面宽11.0m，路面结构为泥结碎石。

5.4.2.4　施工工序及碾压分区

由于坝体填筑作业面大，施工强度高，加之多种料同时施工等，为减少施工干扰，大坝填筑采用分区流水作业施工。土料填筑分为四道基本工序，即：铺土、水分调节、压实和质量检测。石料填筑采用进占法铺筑，边卸边铺。石料填筑分为三个工序，即：铺料、加水、碾压和质量检测。根据碾压机械经济合理的运行要求，每一工序最小宽度为30m，长度为80m，各工序流水分段均平行坝轴线布置，采用进退法压实。

5.4.2.5　填筑施工方法

（1）堆石料填筑。堆石填筑选择1-2号堆石料场为主料场，1-1号石料场为高峰调解料场。石料开采采用分区深孔梯段松动爆破，梯段高度为 10～15m，由履带液压钻机钻孔，6.5m³ 或 4.3m³ 液压正铲挖掘机挖装，45t 或 32t 自卸汽车运输，进占法卸料，320HP 推土机坝面平料，压实层厚 80～100cm，18t 振动平碾碾压 6～8 遍。坝料加水量控制在 20% 左右，应确保掺水均匀。振动平碾难于碾及的部位，采用平板振动器压实。

（2）垫层料填筑。垫层料在加工厂生产，采用 3.0m³ 装载机装料，20t 自卸汽车将成品料运至填筑区，后退法卸料，220HP 推土机配合 1.6m³ 液压反铲挖掘机配合铺料，压实厚度为 40cm，18t 振动碾碾压 4～6 遍。

垫层填筑料每升高 3.2m（相当于垫层料填筑 8 层），用带有激光导向装置的 1.6m³ 反铲进行一次修坡，每经过 4 次修坡即 12.8m 进行一次斜坡碾压。坡面碾压用 10t 斜坡碾进行，先静压 2～4 遍，振压 4～8 遍。

斜坡碾压后垫层采用喷乳化沥青保护，由人工系安全绳手持喷枪自垫层坡面由上而下喷洒，枪嘴距坡面 30～50cm。乳化沥青护坡应按两层喷洒。第一层喷护沥青厚度按 1.5～2mm 控制；第二层喷护及洒砂在第一层沥青破乳后，先将坡面浮砂清扫干净，按第一层施工程序进行第二遍喷护、洒砂；第二层喷护后，沥青凝固前进行坡面碾压，碾压采用 10t 斜坡碾碾压上下各 1 遍。

（3）过渡料填筑。过渡料由石料场开采，4.3m³ 液压正铲挖掘机挖装，20t 自卸汽车运输，后退法卸料，220HP 推土机配合 1.6m³ 液压反铲挖掘机配合铺料，压实厚度为 40cm，18t 振动碾碾压 4～6 遍。

（4）粉质黏土填筑。由 3.0m³ 液压正铲挖掘机土料场挖装，20t 自卸汽车运输，220HP 推土机铺料，13.5t 凸块振动碾碾压。

（5）坝前堆渣料填筑。坝前堆渣料利用坝基开挖石料和导流洞、泄洪洞开挖的部分石料，由 4.3m³ 液压正铲挖掘机堆料场挖装，32t 自卸汽车运输，进占法卸料，320HP 推土机铺料，压实厚度 100cm，18t 振动平碾碾压 6～8 遍。

（6）下游护坡块石砌筑。下游护坡块石砌筑随坝体填筑同时进行。铺料时用 410HP 推土机从填筑面上将大块石推至下游坡边缘，用 1.6m³ 液压反铲挖掘机调整定位，辅以人工撬码整齐，并以块石垫塞嵌合牢固。

5.4.2.6　大坝填筑强度分析

面板堆石坝填筑施工的重点和难点部位应为大坝上游 1/6 坝宽的垫层至主堆石区之间的坝体，尤其是垫层和小区料，施工困难，质量要求高。垫层小区料的施工受趾板下游倒悬面与岸坡之间不规则面的影响。影响大坝填筑强度的主要因素为施工机械设备能力、上坝施工道路质量、料源供应能力、填筑面积大小和导流程序等。

（1）大坝填筑分期及强度指标。根据施工总进度安排，结合施工导流和大坝拦洪度汛要求，大坝共分四期填筑。第一期为第四年 5 月 1 日至第六年 4 月 30 日，由围堰全年挡水，围堰挡水标准为 20 年一遇洪水；第二期为第六年 5 月 1 日至第八年 4 月 30 日，由坝体临时挡水，坝体临时挡水标准为 100 年一遇洪水；第三期为第八年 5 月 1 日至第九年 4 月 30 日，由坝体临时挡水，坝体临时挡水标准为 200 年一遇洪水；第四期为第九年 5 月 1 日至第九年 11 月 15 日，由坝体临时挡水，坝体临时挡水标准为 500 年一遇洪水。各期填筑强度指标见表 5.4 - 4。

填筑时段	起止高程/m	坝体填筑量/万 m³	施工月数/个	月平均填筑强度/(万 m³/月)	月平均上升高度/(m/月)	备注
第四年 5 月 1 日至第六年 4 月 30 日	3521.00～3589.60	557.46	17.0	32.80	4.0	围堰拦洪度汛
第六年 5 月 1 日至第八年 4 月 30 日	3589.60～3644.10	627.58	17.0	36.92	3.2	坝体临时挡水度汛
第八年 5 月 1 日至第九年 4 月 30 日	3644.10～3674.90	263.47	8.5	31.00	3.6	
第九年 5 月 1 日至第九年 11 月 30 日	3674.90～3713.00	176.27	6.5	27.12	5.9	
平均				33.16	3.9	
合计		1624.77	49.0			

从表 5.4－4 可以看出,坝体填筑高峰期平均强度 36.92 万 m³,出现在第六年 5 月至第八年 4 月,填筑起止高程 3589.60～3644.10m,施工历时 17 个月,月平均上升速度 3.2m/月,填筑工程量 627.58 万 m³。

以下从可能的填筑强度、可能的运输强度和可能的供料强度等方面对枢纽 1 大坝填筑强度可行性进行分析论证。

(2) 根据坝面作业机械设备能力计算可能的填筑强度。坝面主要作业机械包括自卸汽车、推土机和振动碾等,主要控制机械为碾压设备,因此,按能满足工作尺寸要求的振动碾数量及生产能力进行分析。

垫层料、过渡料和堆石料均采用 18t 光面振动碾碾压,根据经验公式计算,参考已建工程实际统计资料,结合本工程施工条件,确定 18t 振动碾碾压垫层料、过渡料和堆石料生产率分别为 16.0 万 m³/月、16.0 万 m³/月、13.0 万 m³/月。不同作业面机械设备计算见表 5.4－5。

表 5.4－5   不同作业面机械设备能力计算表

高程/m	项 目	垫层料	过渡料	堆石料
3525.50	面积/万 m²	0.14	0.30	5.04
	宽度/m	15.0	32.0	460.0
	平均长度/m	95.0	95.0	95.0
	可布置振动碾台数/台	1	与垫层料共用	3
	填筑强度/(万 m³/月)	0.87	1.95	25.72
3530.00	面积/万 m²	0.19	0.41	7.17
	宽度/m	15.0	32.0	556.5
	平均长度/m	128.9	128.9	128.9
	可布置振动碾台数/台	1	与垫层料共用	4
	填筑强度/(万 m³/月)	0.87	1.95	25.72

高程/m	项　目	垫层料	过渡料	堆石料
3561.80	面积/万 m²	0.30	0.61	11.29
	宽度/m	13.1	26.7	496.1
	平均长度/m	227.6	227.6	227.6
	可布置振动碾台数/台	1	与垫层料共用	7
	填筑强度/(万 m³/月)	0.88	1.74	32.36
3584.70	面积/万 m²	0.34	0.68	12.16
	宽度/m	11.8	23.6	419.3
	平均长度/m	290.1	290.1	290.1
	可布置振动碾台数/台	1	与垫层料共用	8
	填筑强度/(万 m³/月)	1.07	2.08	36.97
3602.70	面积/万 m²	0.37	0.72	12.34
	宽度/m	10.8	20.9	357.4
	平均长度/m	345.2	345.2	345.2
	可布置振动碾台数/台	1	与垫层料共用	7
	填筑强度/(万 m³/月)	1.07	2.08	36.97
3628.80	面积/万 m²	0.37	0.69	10.91
	宽度/m	9.3	17.2	270.9
	平均长度/m	402.6	402.6	402.6
	可布置振动碾台数/台	1	与垫层料共用	5
	填筑强度/(万 m³/月)	1.71	3.24	31.98
3654.40	面积/万 m²	0.36	0.62	8.55
	宽度/m	7.8	13.5	186
	平均长度/m	459.9	459.9	459.9
	可布置振动碾台数/台	1	与垫层料共用	5
	填筑强度/(万 m³/月)	1.29	2.27	30.31
3670.00	面积/万 m²	0.34	0.56	6.93
	宽度/m	6.9	11.3	139.2
	平均长度/m	497.8	497.8	497.8
	可布置振动碾台数/台	1	与垫层料共用	4
	填筑强度/(万 m³/月)	0	0	21.65
3693.50	面积/万 m²	0.30	0.43	3.28
	宽度/m	5.6	7.9	60.7
	平均长度/m	539.6	539.6	539.6
	可布置振动碾台数/台	1	与垫层料共用	2
	填筑强度/(万 m³/月)	2.63	3.84	21.65

高程/m	项 目	垫层料	过渡料	堆石料
3711.00	面积/万 m²	0.26	0.31	0.46
	宽度/m	4.6	5.4	8.2
	平均长度/m	566.9	566.9	566.9
	可布置振动碾台数/台	1	与垫层料共用	2
	填筑强度/(万 m³/月)	2.63	3.84	21.65

表 5.4-5 中强度分析是按照各区填筑料独立平行上升计算,为考虑各填筑料施工时的相互影响制约,特别是垫层料的削坡和斜坡碾压对坝体上升速度的影响。本阶段基本按坝面平行上升进行强度分析,从表中坝面作业面特性中可以看出,坝体在高程 3561.80m 以下和高程 3628.80m 以上断面较小,可布置设备较少,坝体可能的填筑强度相对较低;在坝体中部高程 3561.80~628.80m,断面较大,可布置设备较多,坝体可能的填筑强度较高。

从表 5.4-4 分析可以看出,坝面碾压作业能够满足高峰期月平均填筑强度 36.92 万 m³ 的要求,并留有适当的富余。

(3) 按平均上升层计算可能的填筑强度。从表 5.4-4 可以看出大坝填筑月平均最大上升速度为 5.9m,每月平均按 25 个工作日计算,日平均最大上升速度为 0.24m,也就是说垫层料和过渡料平均每天只要能填筑一层,即可满足坝体填筑强度要求。

(4) 可能的运输强度。根据所选料场分布情况,坝址上游左岸和下游右岸各布置一条主要干线上坝道路,上坝道路采用矿山二级标准。垫层料和过渡料采用 32t 自卸汽车运输,堆石料采用 45t 自卸汽车运输。根据《水利水电工程施工组织设计规范》(SL 303—2004) 中场内道路主要技术标准规定,进行道路可能运输强度计算时,道路单项行车密度按 25~85 辆/h 考虑,两条上坝道路运输强度可达到 30 万~100 万 m³(自然方),运输道路运输强度可满足高峰期体填筑要求。

(5) 可能的供料强度。工程供选择 2 个石料场,1-2 号石料场位于坝址上游左岸,为大坝填筑主要堆石料场和过渡料料场,填筑高峰期作业面积可达 11.4 万 m²,可布置 8~10 台 6.5m³ 液压挖掘机同时作业,高峰月生产效率可达 60 万~75 万 m³(自然方);1-1 号石料场位于坝址下游右岸,为大坝堆石料填筑的辅助料场,填筑高峰期作业面积可达 4.3 万 m²,可布置 4~6 台 6.5m³ 液压挖掘机同时作业,高峰月生产效率可达 30 万~45 万 m³(自然方)。2 个料场开采强度可达 90 万~120 万 m³/月(自然方),石料料场开采强度可满足高峰期坝体填筑强度的要求。

(6) 大坝填筑强度与已建同类工程比较。根据国内外已建类似工程资料统计分析,目前国内外已建、在建面板堆石坝大坝填筑强度资料见表 5.4-6。

表 5.4-6　　　　　　　　　国内外同类工程填筑强度比较表

大坝名称	国名	坝高/m	坝顶长/m	坝型系数/(长/高)	坝址海拔/m	填筑量/万 m³	施工时段/年	月强度/(万 m³/月)
水布垭	中国	233	660	2.83	210.00	1563.74	2000~2008	29.8(最大 50)
巴昆	马来西亚	205	740	3.61	300.00	1730	1998~2002	33.9

大坝名称	国名	坝高/m	坝顶长/m	坝型系数/(长/高)	坝址海拔/m	填筑量/万 m³	施工时段/年	月强度/(万 m³/月)
阿瓜米尔帕	墨西哥	187	642	3.43	70.00	1300	1990～1994	40
天生桥一级	中国	178	1137	6.38	640.00	1800	1995～1999	65（最大 117.8）
阿里亚	巴西	160	828	5.17	600.00	1400	1977～1979	50（最大 67）
塞格雷多	巴西	145	720	4.96	465.00	724	1988～1992	15～30
黑泉水库	中国	123.5	438	3.55	2795.00	550.0	1996～2001	
东津	中国	85.5	322	3.77	115.00	155	1992～1995	17.4
十三陵水库	中国	75	550	7.33		270	1992～1997	14.74（最大 28.28）
查龙水电站	中国	39	192	4.92	4349.00	375	1993～1996	
公伯峡	中国	139	429	3.09	1900.00	438.8	2001～2006	29.25
枢纽 1	中国	192.0	567.9	2.96	3527.00	1693.61		33.16（最大 43.77）

从表 5.4-6 可以看出，枢纽 1 大坝工程规模居世界较高水平，大坝填筑工程量、填筑强度居国内面板堆石坝填筑施工较高水平。但考虑到面板堆石坝填筑施工技术的逐渐成熟，只要采用国内外先进的机械设备，合理规划料场开采和上坝道路布置，加强施工组织管理，现阶段规划的大坝填筑强度指标是可以实现的。

5.5 堆石坝坝体填筑强度实例

堆石坝坝体填筑强度主要取决于堆石料的开采速度、坝区运输道路布置、施工分期方案、施工方法选择、保证施工质量措施、料源挖填平衡、施工机械设备和人员组合等。国内部分堆石坝填筑强度见表 5.5-1，堆石料振动碾压实参数工程实例见表 5.5-2。

表 5.5-1　　　　　　　　国内部分堆石坝填筑强度

工程名称	所在地	平均高程/m	坝型	最大坝高/m	月平均填筑强度/(万 m³/月)	月最高填筑强度/(万 m³/月)	坝体总填筑量/万 m³
公伯峡	青海湟中	1980.00	混凝土面板堆石坝	139	39	52	474
西流水	甘肃黑河	1900.00	混凝土面板堆石坝	146.5	25	31.6	280
白杨河	甘肃玉门	2500.00	混凝土面板堆石坝	66.8	4.2	7.3	63.5
楚松	西藏日喀则	4200.00	混凝土面板砂砾石坝	39.67	8	11	76
卡浪古尔	新疆塔城	1000.00	混凝土面板砂砾石坝	61.5	39	45	
黑河	陕西西安	1000.00	黏土心墙砂砾石坝	130	40	57	820
水布垭	湖北恩施		混凝土面板堆石坝	233	41	60	1666
引子渡	贵州织金		混凝土面板堆石坝	130	33.85	40.3	320
天生桥一级	贵州安龙		混凝土面板堆石坝	178	56	117.93	1800
小浪底	河南洛阳	160.00	黏土斜心墙堆石坝	154	120.4	158	5185
莲花	黑龙江省		混凝土面板堆石坝	71.8	10	27	382.97
吉林台	新疆尼勒克县	1360.00	混凝土面板堆石坝	157	42.3	70	836.2

　　　　　　　　　　堆石料振动碾压实参数工程实例

坝名		石料岩性	振动碾质量/t	铺料厚度/cm	最大粒径/cm	碾压遍数	压实干密度/(t/m³)	振动碾型式
小浪底		石英细砂岩	17	100	<100	6	2.104～2.228	牵引式
黑河		砂卵石	17.5	100	<60	8	2.24（水上）2.22（水下）	自行式
菲尔泽		石灰岩	13.5	200	50	4	1.83～2.12	牵引式
碧口		绢云母千枚岩	13.5	100～150	60～80	4～6	2.10	牵引式
石头河		砂卵石	14	100～150	80	6	2.13	牵引式
小山		安山岩	17.5	100		8	2.108～2.24	
莲花	主堆石	混合花岗岩	13.5	常温：80 负温：60	常温：60 负温：50	常温：8 负温：10	2.05	
	次堆石	混合花岗岩	13.5	常温：100 负温：80	常温：80 负温：65	常温：6 负温：8	2.0	
吉林台		砂卵石	18	80	60	8		自行式

5.6　高原寒冷地区坝体填筑的几点建议

根据堆石料特性，正常施工时段可加水 10%～25%，冬季施工时则可不加水，采用薄层碾压。冬季坝体填筑应做到以下几点：

（1）开采干燥石料，并直接上坝，不作中间周转。

（2）砂石料，应在非冰冻期预开采，并进行中间堆存干燥，以便冬季上坝填筑。

（3）冰冻季节填筑施工中，各种坝料内不应有冻块存在，并应采用不加水碾压。为此在碾压试验时要专做不加水碾压试验，以便确定适合冬季填筑的各碾压参数。用增加压实功能的措施可补偿不能加水碾压对密实度的影响。

（4）为避免因冬季填筑在坝体内形成冰冻区，需控制冬季填筑高度。

根据小山混凝土面板堆石坝的施工经验，其冬季填筑的碾压厚度须减薄，厚度小于600mm，振动碾碾压 8～10 遍，冬季填筑高度不宜超过 15m。

5.7　加快施工进度措施

南水北调西线工程 7 座大坝均位于海拔 3500.00m 左右的高原寒冷地区，冬季气温低。由于工程所在地区昼夜温差大，气候多变，即使在 3～10 月也会出现低温和降雪，坝体填筑应采取如下措施：

（1）配置性能可靠、高原环境适应性好，数量充足的工程机械。

（2）设置专业护路防滑队伍，保证上坝道路畅通。

（3）低温季节采取不加水薄层碾压施工，料场开采、运输、碾压等施工机械化配套程度相对要高，尽可能选用电力驱动机械设备。

6 混凝土面板堆石坝面板防裂技术研究

6.1 面板混凝土配合比设计

6.1.1 设计原则

（1）符合混凝土设计强度等级及抗渗指标和抗冻指标等的要求。

（2）采用低坍落度混凝土，并保证其具有良好的和易性，满足混凝土拌和物在溜槽中易下滑、不离析，入仓后不秘水、易振实，出模后不流淌、不拉裂，滑动模板易于滑升等施工要求。

（3）满足面板混凝土防裂要求。

6.1.2 混凝土原材料

（1）水泥。水泥品种和质量对混凝土极限拉伸和抗拉强度有很大影响。应选用水化热低、收缩性小、安定性良好的水泥，宜优先选用硅酸盐水泥、普通硅酸盐水泥及品质好的矿渣水泥，其强度等级应不低于42.5。使用带有微膨胀性的水泥有利于抗裂。

（2）砂石骨料。采用二级配骨料，提高混凝土的均匀性，使其具有较高的柔性和轴心抗拉强度。天然砂卵石和人工骨料均可采用，尽量采用灰岩等热膨胀系数小的石料。天然河砂中含泥量过多对混凝土的抗裂和耐久性都十分不利，应采取筛洗措施严格控制，人工砂大多数是采用锤式机生产，粗颗粒较多，中间粒径较少，级配往往不理想。已建混凝土面板所用砂料的细度模数变化范围在 2.2～3.6 间。砂的细度模数以 2.6～2.8 最为合适，对细度模数偏大者，宜掺部分粉煤灰代砂，以改善砂料级配。

（3）掺合料。掺合料以优质粉煤灰为主，硅粉和石粉在个别工程中也有使用。掺用粉煤灰可以降低水泥用量、改善砂料过粗带来的问题，从而改善混凝土施工和易性，另外还有抑制碱骨料反应的功能。

（4）外加剂。引气剂可以显著改善混凝土的和易性，可以极大地提高混凝土抗冻、抗渗及耐久性，因此在国内绝大多数面板混凝土中均有掺用。在面板混凝土中掺用高效减水剂对减少混凝土用水量和水泥用量，提高混凝土强度等性能都有好处。多种外加剂复合使用，往往能取得更好的效果。外加剂品种和掺量应根据具体情况通过试验确定。利用补偿收缩理论，在面板混凝土中掺加适量的微膨胀剂以补偿混凝土的收缩，对面板混凝土防裂有明显效果，但需慎重对待，避免其副作用。

（5）水。降低用水量对减少面板混凝土的收缩和透水性，提高耐久性都十分有效，在一定程度上反映混凝土配合比设计的水平。影响混凝土用水量的主要因素是水泥的品种、外加剂和掺合料的种类及掺量，砂石料的质量和级配以及坍落度大小等因素。国内已浇混凝土面板的混凝土用水量高者达 180～190kg/m³，低者仅 124～140kg/m³，以不超过

140kg/m³ 为好。

国内部分面板混凝土原材料使用情况见表 6.1-1，国内部分面板混凝土采用的配合比见表 6.1-2。

表 6.1-1　　　　　　　　　　国内部分面板混凝土原材料使用情况

坝名	水泥品种标号	砂料细度模数	石料比例/%		外加剂品种	粉煤灰
			5～20 mm	20～40 mm		
天生桥一级	525 号贵州牌水泥	2.6～3.0	48	52	DH-3 引气剂，减水剂，缓凝剂	田东粉煤灰 30%
莲花	525 号硅酸盐水泥	2.67	60	40	SK 引气剂	
查龙	525 号大坝水泥	2.31	50	50	DH9 引气剂，FE 减水剂	
乌鲁瓦提	425 号硅酸盐水泥	2.8	50	50	TMS RH-2 减水剂，AE PMS 引气剂	35kg/m³
小溪口	425 号普通水泥	3.6	50	50	DF 引气剂	
关门山	525 号纯大坝水泥	2.84	55	45	松香热聚物木钙减水剂	石粉代砂 20%
小干沟	525 号纯大坝水泥	2.6～2.8	40 50	60 50	引气剂，破乳剂，UNF 高效减水剂	硅粉 5%
万安溪	425 号普通水泥	河砂 3.4～3.6 人工砂 2.8～3.2	50	50	DH9、FE、木钙三种复合外加剂	74～99kg/m³
珊溪	525 号普通水泥	2.2～2.9	45	55	BLY 引气剂，NMR 减水剂，VF-Ⅱ膨胀剂 8%	51kg/m³
吉林台	42.5 级普通硅酸盐水泥	2.5	50	50	KDNOF-1 型高效减水剂和 DH9 引气剂	55kg/m³
西北口	425 号矿渣水泥 325 号矿渣水泥	2.2～2.4	60	40	DH9 引气剂 木钙减水剂	

表 6.1-2　　　　　　　　　　国内部分面板混凝土采用的配合比

坝名		公伯峡	黄石滩	大水沟	珊溪	乌鲁瓦提	莲花	吉林台	小干沟
强度等级		C25	C25	C25	C25	C25	C30	C30	
水灰（胶）比		0.31	0.346	0.45	0.338	0.377	0.338	0.35	0.4
坍落度/cm		6～9	5～7	3～7	5～7	5			6～9
含气量/%						3～5	3～5		
砂率/%		36	32	37	35	36	40	35	32
混凝土各种材料用量 /(kg/m³)	水	108	115	150	124	133	115	128	150
	水泥	255	266	333	275	300	340	310	375
	粉煤灰	52	66		48	35		55	
	砂	678	606	717	625	686	783	654	600
	小石	502	661	495	547	612	707	628	1275
	中石	759	662	743	671	612	472	628	
	引气剂	2.62	0.004%	DG9 0.0033	BLY 3.67	PMS AE	SK 1.088	DH9/% 0.02	0.07
	减水剂	3.49	0.6%	2.331	NMR 2.75	TMS RH-2		KDNOF-1/% 0.75	UNF 1
	防裂剂				VF-Ⅱ 44			纤维/（kg/m³） 0.9	硅粉 5%

6.1.3 混凝土配合比的基本参数

（1）水灰比。水灰比是决定混凝土强度、抗渗性及耐久性等最基本的参数，受水泥品种标号、外加剂品种及掺量等诸多因素的影响。随水灰比减少，混凝土密实度增加、渗透性降低，同时抗拉强度也得到提高，因此，在配合比设计中应尽可能减少水灰比。规范要求水灰比不大于0.5，实际工程中水灰比选用0.4~0.5。珊溪、莲花和查龙工程施工中水灰比分别为0.338、0.338和0.35。

（2）坍落度。在溜槽中顺利输送入仓的前提下，尽量用低值。国内面板混凝土坍落度一般在3~7cm之间，低坍落度由于可减少混凝土干缩率，更受到欢迎。受气候、运输条件等因素影响，拌和楼机口取样的坍落度要随时调整。

（3）限制膨胀率参数。在满足面板混凝土设计和施工的基础上，采用限制膨胀率参数，利用限制膨胀率补偿限制收缩，可以避免或减少面板混凝土由于收缩变形而引起的裂缝。

（4）其他参数。混凝土和易性，由于面板混凝土主要沿斜溜槽下滑几十米甚至上百米的距离，要求混凝土下滑及浇筑具有良好的黏聚性，容易下滑而不离析，容易振捣而不秘水是非常重要的，因此，面板混凝土比常规混凝土采用小石的比例要多一些、砂率要高一些、水泥用量要多一些。

6.2 混凝土面板的防裂技术

混凝土面板堆石坝作为一种投资省、工期短、适应性广、施工方便、可就地取材等优点的坝型已在全国得到广泛的应用。混凝土面板是混凝土面板堆石坝的重要组成部分，作为混凝土面板堆石坝防渗体的一部分，面板混凝土质量的好坏直接影响到大坝的安全和防渗效果。从目前世界范围已建混凝土面板堆石坝看，许多面板都不同程度地发生了裂缝，国内部分面板堆石坝混凝土面板裂缝情况如表6.2-1。这些裂缝的产生，一方面造成大坝漏水；另一方面随着大坝蓄水运行，裂缝可能受到侵蚀而扩大，对大坝的运行安全造成威胁。因此，分析混凝土面板堆石坝混凝土面板出现裂缝的原因和如何选择合适的措施，以防止或减少面板混凝土出现裂缝就成为面板堆石坝建设中的一个重要课题，对于自然条件恶劣的高原寒冷地区工程建设显得尤为重要。

表6.2-1　　　　国内部分混凝土面板堆石坝混凝土面板裂缝情况统计表

项目 ＼ 工程名称	西北口	株树桥	成屏	沟后	龙溪
裂缝检查最早时间/(年．月)	1989.8	1990.5	1990.2	1988.11	1990.4
裂缝总条数/条	262	97	59	47	54
裂缝宽度/mm	0.2~1.2	<0.15	0.2~3.0	0.1~1.0	≤0.2
需处理裂缝/条	134	0	30	30	

面板混凝土由其组成材料及内部结构形态，决定了其变形能力差，抗拉强度低。混凝土材料的不均匀性使得同一混凝土抗拉能力也不均匀，存在着许多抗拉强度低，易出现裂缝的薄弱部位。对混凝土破坏过程的研究已经证明：在混凝土承受荷载以前，骨料和水泥

之间的界面实际已存在极为细小的裂缝，这种极细小裂缝主要是由于混凝土拌和物的离析、沁水和水泥硬化过程中的收缩引起的，当外界因素引起的拉应力达到抗拉强度的30%以内时，这些细小裂缝基本上较为稳定。当拉应力增加到抗拉强度的70%~90%时，这些裂缝在长度、密度和数量上均随应变的增加而增加，并形成表面可见和连续贯通的裂缝，直至破坏。由此可见，混凝土裂缝的形成过程是和混凝土中微裂缝的发展密切相关的，而微裂缝的发展与混凝土中的拉应力密切相关。对于混凝土面板堆石坝的面板混凝土，面板产生裂缝的主要原因是面板内产生的拉应力大于面板混凝土设计抗拉强度。面板内产生的拉应力有两种形式组成：一是结构拉应力，造成结构裂缝；另一种是温度应力，造成温度性裂缝。因此，混凝土面板堆石坝面板裂缝主要由结构性裂缝和温度性裂缝两种类型。

6.2.1 混凝土面板裂缝成因

面板混凝土由其组成材料及内部结构的形态，决定了混凝土变形能力差，抗拉强度低。混凝土材料的不均匀性使得同一混凝土抗拉能力也是不均匀的，存在着很多抗拉强度低，易于出现裂缝的薄弱部位。对混凝土破坏过程的研究已经证明：在混凝土承受荷载以前，骨料与水泥浆之间的界面实际已存在极为细小的裂缝。这种极细小裂缝主要是由于混凝土拌和物的离析、沁水和水泥石硬化过程中的收缩引起的，当外界因素引起的拉应力达到抗拉强度的30%以内时，这些细小裂缝基本上较为稳定。当拉应力增加到70%~90%时，这些裂缝在长度、密度和数量上均随应变的增加而增加，并形成表面可见和连续贯通的裂缝，直至破坏。由此可见，混凝土裂缝的形成过程是和混凝土中微裂缝的发展密切相关的，而微裂缝的发展与混凝土中的拉应力密切相关。

作为面板混凝土，面板内产生拉应力的原因较多，按产生的原因，一般可分为温度应力、干缩应力、结构应力等几种。

（1）温度应力。混凝土温度应力分为两种：一是由于水泥水化热使混凝土在凝结过程中初期温度上升，继之散热温度下降，而混凝土的界面又受到约束，不能完全自由伸缩，从而在混凝土内产生拉应力。这种温度应力在面板混凝土中较少发生，因为面板混凝土一般较薄，面积又较大，积蓄的水化热较少，又较易散热，加之面板的垫层通常为低标号的砂浆垫层，下面为粒径较小，碾压密实的碎石层，对面板的约束作用不大，难以产生较大的拉应力。另一种是由于混凝土在浇筑后不久受寒潮侵袭，表面温度迅速下降，内部温度因混凝土导热性能低，下降迟缓，形成内外温差而产生拉应力。面板混凝土中的温度应力多数为这种温度骤降所产生的拉应力。

面板由于温度拉应力而产生的温度裂缝一般具有以下特点：①裂缝方向近似于水平；②裂缝间距大致相等；③大部分裂缝贯穿面板。对温度裂缝的防止，一方面应提高混凝土的抗拉强度，增大混凝土的极限拉伸值；另一方面在温度骤降时，应采取有效的表面保温措施，减少内外温差。

（2）干缩应力。混凝土的干缩应力主要是由于混凝土中多余水分蒸发后使水泥浆体产生收缩，在约束条件下产生干缩拉应力，使混凝土产生裂缝。混凝土在缺少养护情况下产生的收缩应变约为 $4 \times 10^{-4} \sim 5 \times 10^{-4}$，而混凝土的极限拉伸值在 1×10^{-4} 左右。因此，在缺乏有效措施情况下若产生干缩应力，很容易使混凝土产生裂缝。对干缩裂缝的防止：一方面应减少混凝土的干缩值，如可采取减少单位用水量和水泥用量，掺微膨胀剂抵消部分干缩等措施；另一方面应加强混凝土的养护，最好做到终生养护，使干缩不发生，这对防止面板产生干缩裂缝是十分有效的。

（3）结构应力。面板内的结构拉应力是由于堆石体或基础的变形所引起，其产生原因一般是基础未处理好或堆石体碾压不够密实，使得坝体在浇筑面板后继续产生不均匀沉降，或在水库蓄水后大坝在库水压力作用下产生较大的不均匀变形，导致面板产生结构应力，当结构拉应力超过抗拉强度后，使面板产生裂缝。结构裂缝一般都较大，有的还有一定的错位。结构裂缝的防止只能从提高施工质量，改进设计着手。只要设计合理，坝体填筑时重视施工质量，一般结构裂缝较少发生。

从产生面板裂缝的成因分析，绝大多数的裂缝都是由于温度应力和干缩应力所引起，而这些裂缝是可以通过减少混凝土水化热、提高抗拉强度，减少混凝土干缩等措施来加以预防的。

6.2.2　防止面板混凝土裂缝的技术措施

从裂缝产生原因分析可见，防止面板混凝土出现裂缝应从提高混凝土的抗裂能力以及减少外部使混凝土产生裂缝的因素两方面着手。抗裂性较高的混凝土应具有较高的抗拉强度，较大的极限拉伸值，较小的干缩率，较低的抗拉弹模以及较小的水化热。而这些性能可通过复合外加剂及掺微膨胀性能的掺合料来实现。利用不同外加剂在混凝土中所发挥的不同作用，全面改善混凝土性能。特别是在混凝土中掺微膨胀剂，可以使混凝土出现微小膨胀，部分抵消干缩，减小混凝土干缩率，提高抗裂性。对引起混凝土产生裂缝的外部因素，应通过严格控制施工质量，加强混凝土养护工作来实现。尤其在水库蓄水前，对面板要长期进行保护及洒水养护，以预防由于温度与湿度变化而造成的面板裂缝。

6.2.2.1　防止面板混凝土结构性裂缝的技术措施

根据国内外对已建高混凝土面板坝面板混凝土设计、施工经验教训总结，提出预防面板混凝土结构性裂缝的技术措施有：

（1）改进主堆石和下游堆石分区。大量的观测资料证明，混凝土面板堆石坝主堆石和下游堆石间的大量不均匀变形将在面板内形成较大的拉应力，是引起面板裂缝的重要因素之一。为尽可能减少不均匀变形，可采取的措施有：①尽可能扩大主堆石区范围；②将主堆石及下游堆石区的界限设置成自坝轴线向下游倾斜，其坡度最好达到1：0.5等；③将主堆石和次堆石合并，采用同一填筑标准。

（2）合理进行面板分块。根据坝体变形特性和面板受力特点，坝肩周边面板多为受拉区，中部面板多为受压区。为利于面板适应坝体边坡变形，面板设计中，大坝周边部位宜采用窄型板，而中间部位面板宜采用宽型板。另外，面板混凝土浇筑施工时，应合理控制面板一次浇筑长度。

（3）提高填筑堆石的压实密度。尽可能提高压实密度及变形模量，大大减少坝体的变形和不均匀沉降。这可以通过采用重型压实机具来实现，如25t自行式振动碾或20t牵引式振动碾等碾压设备。

（4）坝体填筑全断面均衡上升。坝体各部位的不均匀变形是引起面板结构性裂缝的原因之一，为减少因坝体各部位填筑不均衡上升引起的不均匀变形，坝体填筑尽可能安排全断面均衡上升，若因度汛要求必须先填筑上游临时断面，也应对填筑高差予以限制。

（5）面板浇筑前要使坝体有一预沉降期。由于坝体后期沉降对面板结构性裂缝的产生有着重要影响，因此，在坝体填筑到面板浇筑高程时，应间歇一段时间，使坝体浇筑面板前预先发生一定的沉降，以减少面板浇筑后的沉降，这对避免面板结构性裂缝有很大作用。

6.2.2.2　防止面板混凝土收缩性裂缝的技术措施

面板收缩性裂缝是由混凝土因干燥和温降而导致自身体积收缩而引起的。此类裂缝的防止是一项系统工程，包括面板混凝土配合比优化、浇筑混凝土质量控制、已浇混凝土的养护及减少作用于面板上的约束力等。改善混凝土配比对防止裂缝、提高耐久性和施工和易性都是很重要的。

（1）面板混凝土配合比优化。高抗裂性能混凝土，即具有高抗拉强度、相对较低的弹性模量、体积稳定的混凝土，无疑是面板混凝土最为理想的性能。通过采用优质掺合剂，加大掺量超量取代，或替代部分砂料，高性能减水剂、引气剂复合，选用合适的岩石种类，采用中等强度的岩石加工石料和砂料，采用较粗砂料，中小石采用倒比例，相对增加砂率，减少石料体积，保证砂石料洁净，含泥量小并不含黏土团块，采用较低的混凝土水胶比，混凝土拌和物具有优良的均匀性及和易性等技术手段及措施，均有利于混凝土的抗裂性能，最终达到减少或避免混凝土面板裂缝，提高耐久性的目的。我国在优化混凝土配合比方面，特别在各种外加剂和掺合料研究方面做了大量工作，并取得了许多研究成果。

1）使用粉煤灰和复合外加剂。这是混凝土配合比设计中最基本的方法。在胶凝材料中掺加30%的粉煤灰代替部分水泥，并改善砂子级配。复合外加剂的成分主要是高效减水剂和引气剂，必要时也可加入调凝剂。

2）微膨胀剂。面板混凝土在掺加减水剂和引气剂的同时，还添加了不同品种的微膨胀剂，使面板混凝土具有微膨胀性，以补偿混凝土面板的收缩，从而减少或消除裂缝。

3）纤维混凝土。纤维混凝土包括掺加钢纤维和合成纤维两种，实际应用于面板混凝土的只有合成纤维。目前用于面板混凝土防裂的纤维主要为合成纤维，主要有聚丙烯纤维和聚丙烯氰。面板混凝土中掺加适量合成纤维可有效防止早期裂缝，减小弹性模量，增加混凝土的极限拉伸值，以提高混凝土的防裂性能。

4）增强密实剂（WHDF）。混凝土增强密实剂也是一种提高混凝土防裂及耐久性的外加剂，它是通过促进水泥水化程度，优化水化产物，协同激发混凝土中活性混合料与 $Ca(OH)_2$ 二次水化等作用，提高混凝土中凝胶量，降低空隙率，改善级配和水泥石与骨料的界面结构，增强凝胶的黏结力，使混凝土具有良好的防裂和耐久性。

5）高性能混凝土。高性能混凝土指具有高强度、高耐久性及高和易性混凝土。一般通过在混凝土中掺加磨细高炉矿渣、优质粉煤灰及硅粉来实现。

（2）垫层料的平整及保护。面板混凝土浇筑前，必须严格控制好垫层料的平整度，并做好其保护工作。为尽量减少垫层料对面板的约束影响，在垫层料上均匀喷涂一层乳化沥青，使垫层料的摩擦系数降低。

（3）选择适宜的面板混凝土浇筑时间。混凝土浇筑应避开高温季节，寒冷地区还应避开负温季节。一般在月平均气温5～22℃的低温或常温时段浇筑为宜，还应考虑选择空气湿度较高，甚至选在阴雨连绵的季节。

（4）采取适当的温控措施。尽管混凝土面板厚度较薄，有利于混凝土水化热的消散，但面板对环境温度的变化非常敏感，因此，有必要采取简便的温控措施。如高温时的遮阳和加冰拌和，负温时加热水拌和及骨料预热等。

（5）增加混凝土表面的二次抹面工艺。在面板混凝土初凝前进行二次抹面压光，混凝土浇筑后由于沁水影响表面会形成一层水灰比较大的浮浆层，该层强度较低，在终凝后很容易干缩产生龟裂，因此，增加混凝土表面的二次抹面工艺可提高混凝土表面强度。

（6）做好面板混凝土及时的养护和防护。混凝土面板的养护和防护主要有保温、保湿和防风等，对于寒冷地区还应特别注意防寒潮和防冻。工程中常用的养护保湿措施有在滑膜后拖一块长 8～10m 的塑料布保护，混凝土初凝后，即进行不间断的洒水养护，并以淋湿的草袋或麻袋全面覆盖达到保温保湿。养护时间应不少于 28d，最好养护至水库蓄水。常用的防寒潮和防冻措施有在混凝土中掺加一定量的防冻剂，在寒潮到来前及时覆盖塑料薄膜和保温棉被、毛毯、麻袋等或塑料薄膜和聚苯乙烯板、EPE 保温材料等。

（7）选择适当的施工方法，加强施工管理，保证混凝土浇筑质量。

6.3　面板混凝土防裂材料和外加剂研究成果简介

6.3.1　聚丙烯纤维

6.3.1.1　聚丙烯纤维混凝土用于面板的主要作用

存在原生微裂纹（细观尺度）是所有脆性材料（如玻璃、陶瓷、岩石等）的共性，在荷载作用下，因裂纹尖端应力集中，使原生微裂纹的扩张成宏观裂纹而导致脆性破坏。传统混凝土也存在有大量的原生微裂纹，是一种典型的脆性材料，在荷载作用下呈脆性特点。大量、随机分布的聚丙烯纤维的加入，包裹了混凝土的各个部分，在一定程度上改变了混凝土的特性，使混凝土的脆性弱点得到很大改善。这表现为：

（1）聚丙烯纤维的阻裂作用。聚丙烯纤维应用于面板混凝土中，最主要的是应用它的阻裂效应，即它对混凝土早期塑性开裂和早期干缩微裂缝的抑制作用。微裂缝的存在是混凝土材料本身固有的一种物理性质，宏观裂缝是微观裂缝扩展的结果，从源头控制微观裂缝的生成，在过程中抑制微观裂缝的发展，必然可以得到减少面板裂缝的良好效果。

塑性收缩一般发生在混凝土浇筑后的 4～10h 内，也就是水泥达到终凝之前。混凝土浇筑成型后，由于表层水分蒸发，毛细管中凹液面上的表面张力形成了对管壁间材料的拉应力，此时材料处于塑性阶段，材料自身的塑性抗拉强度较低，材料表层出现开裂现象。当掺入聚丙烯纤维后，由于均匀分布于混凝土中的数以万计的细小纤维可清除混凝土中的泌水通道（1m³ 混凝土中掺入 0.9kg 长度为 19mm 的聚丙烯纤维，则混凝土中单丝纤维的数量将达到 3000 万根），可明显减少塑性混凝土的表面泌水和骨料沉降。使得水分迁移较为困难，毛细管张力有所减少。另外在混凝土发生塑性收缩时，依靠纤维材料与水泥基之间的界面吸附黏结力、机械咬合力等，有效降低塑性裂缝和内部微裂缝的数量和尺度，提高了混凝土材料介质的连续性，并最终改善混凝土的综合性能。混凝土是由多重成分组成的非均质材料，试验证明，各组成成分的结合处会产生集中应力，使原生的细微裂纹进一步扩张成裂纹。而聚丙烯纤维的变形模量与硬化初期混凝土的模量相当，因而能有效防止混凝土早期裂缝产生。在混凝土硬化后，纤维又能在微裂纹的两侧起桥接作用，阻碍裂缝的形成和发展。

（2）改善了混凝土的变形性能。表现在降低了混凝土的弹性模量，增加了混凝土的极限拉伸率和韧性。试验证明，聚丙烯纤维混凝土弹性模量比普通混凝土减少 5％～11％，不同掺量下，极限拉伸应变率比素混凝土提高值变化在 0.2～2 倍。特别是聚丙烯混凝土的韧性比普通混凝土有很大提高。它可使面板的抗弯韧性成倍甚至几十倍增加。这对于高坝面板在很高水头作用下或是由坝体沉降引起面板产生较大的弯曲变形时，更能显示出纤维混凝土的独特功能。

抗弯韧性的提高，得益于纤维的阻裂作用，使得裂缝扩展阻力增加，提高了材料的抗断裂性能。当构件的承载力迅速下降，下降到相当数量的纤维发挥抗拉作用时，构件的承载力随变形的增加而基本保持不变，因此材料的韧性增强。普通混凝土在受拉伸或弯折试验时，一般表现微脆性断裂，混凝土一旦发生裂缝后就快速扩展，此时混凝土试件很快卸载，并随即断裂而完全失去承载能力，荷载变形曲线下的面积较小。而纤维混凝土试件发生初裂后，虽然承载能力也下降，但仍可在一段较长时间内继续承受一定荷载，他的荷载变形曲线下包围面积比普通混凝土大很多，由于荷载变形曲线下包围面积相当于使混凝土破坏的所需能量，表明纤维混凝土有较高的对荷载能量的吸收能力。白溪水库委托南京水科院所作的试验表明，体积掺量为 0.1％纤维混凝土比不掺的试件弯曲韧性系数提高60％。该项试验采用了日本 JSCE-SF4 评定混凝土韧性的方法（根据分析，该法比美国 ASTM C 1018 的方法能更好体现小掺量聚丙烯纤维混凝土的韧性）。弯曲韧性系数（F_{JSCE}）的计算公式为：

$$F_{JSCE} = T_{JSCE} L / \left(BH^2 \frac{L}{150} \right) \tag{6.3-1}$$

式中　F_{JSCE}——弯曲韧性系数，MPa；

　　　T_{JSCE}——当挠度为 0～$L/150$ 时，荷载—挠度曲线下所覆盖的面积，kN·mm；

　　　L——试验时的跨度，mm；

　　B，H——试验试件断面的宽和高，mm。

纤维混凝土的较高韧性说明了混凝土的传统脆性弱点得到改善，这对支撑在反滤砂砾石层上的堆石坝面板混凝土，适应堆石体沉陷和水荷载下的变形、防止面板贯穿裂缝的发生具有重要意义。面板是堆石坝的防渗结构物，要求满足一定的抗渗、抗冻和耐久性指标。但因混凝土的干缩及温度变化，面板将有可能产生开裂。同时，堆石体在施工期和蓄水后的沉降变形，使混凝土面板发生挠曲变形。已建的面板堆石坝工程因混凝土面板柔度不足以适应坝体变形，使面板和垫层料脱空，乃至发生面板开裂或断裂已不鲜见。裂缝众多或严重开裂的面板使渗水量过大，并对其耐久性影响甚大，也令人不安。在混凝土中加入聚丙烯纤维可增加面板的柔度，尤其是在面板发生较大挠曲变形，表面出现裂缝之后，由于聚丙烯纤维的作用，可阻止裂缝向深度扩展，不产生贯穿性开裂，这对堆石面板坝的安全有很大意义。

以上聚丙烯纤维混凝土的阻裂增韧特性，说明混凝土因聚丙烯纤维的加入使混凝土传统脆性得到改善，柔性有所改善，改善的程度与掺量有关。聚丙烯纤维混凝土阻裂增韧的作用还派生了许多其他方面的优点。如可以大大提高抗磨蚀和抗冲击能力，特别对面板有重要意义的是提高了防渗和抗冻性能。根据白溪水库建设指挥部委托南京水科院做的试验表明，在高水压下（20MPa），体积掺量为 0.1%聚丙烯纤维混凝土试件的渗水高度比普通混凝土降低；抗冻标号从 F100 提高到 F200 以上。这对减少面板渗漏量、延长混凝土寿命有重要意义。

（3）对硬化混凝土性能的影响。大量试验数据表明，混凝土中掺入低掺量聚丙烯纤维（一般掺量为 0.9kg/m³ 左右），对混凝土抗拉强度、劈拉强度、抗折强度、弹性模量、极限拉伸值以及长龄期干缩等性能均有所增加，混凝土的弹性模量前期略有减少，纤维混凝土还可明显提高混凝土的疲劳极限、抗冲击韧性、抗冲刷耐磨性、抗爆裂能力，以及抗渗、抗炭化、抗冻等关系到混凝土长龄期耐久性能，但这些性能的改善并不是采用纤维的目的所在。

总之，聚丙烯纤维的加入对混凝土性能的影响是全面的、综合性的，但其对早龄期混凝土体积稳定性的提高，进而降低混凝土早期收缩裂缝这一特点的应用价值最高，因此，聚丙烯纤维最适合用于大面积混凝土薄壁结构中。目前，由于价格昂贵的原因，聚丙烯纤维在面板混凝土中使用还很少（已在白溪、洪家渡、马沙沟、吉林台面板混凝土中应用）。

6.3.1.2 聚丙烯纤维混凝土对纤维品质的要求

要实现上述聚丙烯纤维混凝土的优点，对聚丙烯纤维的性能也提出了较高的要求。为了充分发挥纤维混凝土柔性的作用，纤维应当均匀分布在混凝土中；纤维应与混凝土有较好的握裹力。此外，纤维应在环境因素作用下性能保持稳定。因此，对聚丙烯纤维的产品性能和品质提出如下要求：

（1）在混凝土中的分散性。在一定的拌和工艺措施下，纤维能在混凝土中均匀分散是对纤维最起码的要求，而实际上，不少产品往往达不到这一要求。其原因是普通纺织用的聚丙烯纤维是憎水性材料，和水泥砂浆几乎完全不黏结，而因此在拌和时往往出现结团现象。纤维越细越长，刚度越小，拌和分散性的问题越大。而不能充分均匀分布的纤维，在混凝土中不仅不能起到有益的作用，反而形成局部缺陷，显然是不能用于混凝土工程的。国内目前只有少数厂家有技术对聚丙烯纤维作亲水改性处理，在纤维表面生成不稳定态的 β 晶相，随后再生成具有亲水性的功能基团。这不但使纤维在混凝土拌和时有很好的分散性，而且增加了纤维和水泥砂浆间的握聚力。

因此，对聚丙烯纤维进行改性处理，改善其与水的亲和力是拌和均匀性的保证。生产厂家提供的纤维是否已经做了这方面的改性处理，能否满足在混凝土中分散性要求，从产品外观上是无法辨别的。最简便的方法首先作纤维拌和分散性试验，这种试验不论在室内还是在现场都容易实施。一是从混凝土外观上进行辨别是否有纤维结团、拌和不均匀的现象；二是可采用洗筛法进行。即在混凝土拌和出料过程或在料仓的不同部位取样（每次取1~2kg 湿料），称量后，将样品放入水桶中充分搅动。因聚丙烯纤维比重为 0.91，将会漂浮在水面上，就可筛取、冲洗、烘干、称量。计算各部位的聚丙烯纤维产品是否改性及改性水平的标准之一，据此可以预先筛选产品。

（2）细径化和异形化。要使聚丙烯纤维混凝土的极限拉伸率和韧性提高，纤维的含量及其与混凝土集料之间的握裹力起决定作用。聚丙烯纤维混凝土破坏时，聚丙烯纤维往往因与水泥砂浆的黏结力不够而有相当多的纤维被拔出，这从拉伸试件或抗折试件的端口上可以看出。为增加与混凝土的结合力，主要措施是纤维直径的细化，增加比表面、纤维断面异形化以及上一节提到的纤维表面的改性处理。聚丙烯纤维细径化是近年来的发展趋势，是提高聚丙烯纤维混凝土一系列优越性能的重要措施之一。在同样的体积含量下，直径细化可使每立方米混凝土中有更多随即分布的纤维。白溪水库用国产的改性聚丙烯纤维细度为 16dtex（分特克司 dtex 表示每 10000m 的克重数，16dtex 即每 10000m 重 16g），如果聚丙烯纤维掺量按 0.1％体积含量计（每立方米为 0.9kg），纤维长度 15～19mm，则每立方米混凝土中有纤维 3750 万～2960 万根。而同样掺量水平下，而根据前几年的一些国外产品说明书，该值仅为 700 万根左右。

聚丙烯纤维断面异形化也是增加比表面，加大与水泥砂浆黏结力的重要措施。好的产品应是非圆断面，可以在显微镜下得到分辨。根据南科院为白溪水库作的研究，体积掺量为 0.1％时，经过进一步改性、断面为异形的 3 号纤维，其混凝土极限拉伸率比断面为圆形的 2 号纤维的混凝土高 25％左右。

（3）抗老化。尽管绝大多数国外学者并不认为聚丙烯纤维混凝土在紫外光辐射下的老化是个问题，英国 Surrey 大学汉南博士还是对聚丙烯纤维复合水泥薄板的老化问题进行了一项长期的试验研究。他采用的复合板材试件中聚丙烯纤维体积含量高达 4％～8％。该试件放置在室内和露天自然条件下，在龄期分别为 1 月、6 月、12 月和 2 年、3 年、5 年、10 年时，测定材料的弯曲韧度和弯曲应力。结论是：在 10 年时间内，未觉察到材料的老化。白溪水库在研究应用聚丙烯纤维混凝土时最初时主要考虑是纤维在混凝土中是否会老化而影响混凝土的整体性能。南京水利科学研究院为白溪水库所作的聚丙烯纤维老化问题研究中，采用了氙灯照射的加速老化箱。参照《塑料氙灯光源曝露试验方法》（GB9344—88），其照射强度达到自然条件下太阳光辐射强度的 20000 倍。每 12h 为一循环，在每个循环中，光照 11.5h，降雨 0.5h。250h 的加速老化试验幅度强度相当于 300 年的自然条件下的辐射强度。研究结论认为在紫外线强度照射下对有水泥砂浆板覆盖的聚丙烯纤维丝老化影响不大，但纤维的延伸率下降比较显著，而对含有抗老化剂的改性聚丙烯纤维则两者的影响都很小。改性聚丙烯纤维砂浆试件在老化处理后，抗渗等性能没有任何降低。因此可以认为聚丙烯纤维混凝土不会因自然条件下，紫外线辐射而产生老化。考虑到水利水电工程的重要性和服务期限长的特点，采用含有抗老化剂的改性聚丙烯纤维应是十分必要的。在这方面，还应进一步研制抗老化性能优越的纤维。

（4）提高对纤维和水泥砂浆握裹力。增加了纤维和水泥砂浆间的握裹力，使纤维和混凝土共同作用，就能很好地阻止混凝土微裂纹的发生和扩展，提高混凝土的耐久性、韧性、抗冲击性、耐磨损等一系列指标。提高纤维的表面质量是非常重要的工作，国内外都有专门研究成果，因涉及生产工艺技术，各家产品竞争最终要依托研究力量和水平，这方面目前差别甚大。

纤维和水泥砂浆间的握裹力的测定目前还没有合适的直接方法，但可以用混凝土试件的弯曲韧性系数或拉伸应变值来间接评定纤维的优劣，作为选择纤维产品质量的依据。

对于弯曲韧性系数或拉伸应变值测定试验设备条件不具备的单位，也可以先以美国 Paul P. Kraai 在 1982 年建议的测定砂浆塑性收缩裂缝的方法作不同纤维产品质量优劣的初步筛选，将水泥砂浆浇注在 610mm×915mm×19mm 的木模中，木模底板与四侧边衬塑料薄膜，以防木模吸水并使试件的底部自由变形，离木模周边约 20mm 处固定 20mm×20mm 钢丝网或 $\phi8$ 钢筋，以形成对砂浆收缩变形的约束。浇注后不养护，立即以约 5m/s 的风速吹试件表面，加速试件表面水分蒸发，连续吹 24h 后，测定试件表面的裂缝宽度和长度，用表 6.3-1 所示的权值乘以裂缝长度加权计算其开裂指数以评定抗裂能力。

表 6.3-1　　　　　　　　　　　　　　计算开裂系数的权值

裂缝宽度 d/mm	$d\geqslant3$	$3>d\geqslant2$	$2>d\geqslant1$	$1>d\geqslant0.5$	$d<0.5$
权值	3	2	1	0.5	0.25

　　南京水利科学研究院和北京市水利科学研究所先后都做过这项试验。由于砂浆配合比、试验用材料、温度、湿度等条件不同，试验结果虽有差异，但纤维的阻裂作用都十分明显。南京水利科学研究院用早期产品的 2 号改性聚丙烯纤维的三组试验中发现，第一组砂浆板，风吹 6h 后，裂缝出现在试件四周设置钢筋的部位及与木模四边，不掺纤维砂浆的裂缝长而粗，且在试件一角有一条长 33.5cm、宽 0.05~0.2mm 的细缝；掺纤维砂浆的裂缝短而细，试件内没有裂缝。第二组砂浆板，由于改变了周边约束方式，裂缝主要出现在整个面板上，掺纤维砂浆的裂缝在长度和宽度上均少于不掺纤维的砂浆，裂缝系数减少 58%。第三组砂浆板，只有不掺纤维的板上有 6cm 长，0.2mm 宽的裂缝，纤维砂浆板上则无裂缝。开裂系数仅为不掺纤维的 42%~46%。

　　可见改性聚丙烯纤维在合理的掺量下防裂、阻裂效果显而易见。这项试验要求设备简单，不论在何地实验室都容易实施，也可以作为评价不同生产厂家聚丙烯纤维产品是否改性及改性水平的预选方法。

　　至于聚丙烯纤维的一般性能指标如直径、长度、比重、熔点、燃点、而酸碱拉伸强度、延伸率等有纺织《丙纶短纤维》（FZ/T52003—1993）的规定，各个生产厂家一般都能保证的。

6.3.1.3　聚丙烯纤维的合理掺量

　　国内外进行的试验证明：增加纤维的掺入量，可以增加混凝土的极限拉伸变形量、抗冲击、抗磨损、抗渗和抗冻等指标。国外也有试验表明优质的聚丙烯纤维在高掺入量的条件下，可使混凝土的极限拉伸应变量达到普通混凝土的 2~3 倍。达到这样高拉伸应变量的面板混凝土有可能完全避免开裂。聚丙烯纤维的合理掺量对于不同地区的面板坝、面板坝不同的部位应有所不同。要结合工程具体情况，合理规划试验设计，通过试验确定其合理掺量：

　　（1）严寒地区的面板坝，尤其是处于冬季库水位变动区部位的混凝土，应有更高的抗冻指标要求，聚丙烯纤维的合理掺量可由快冻试验来确定，在设计混凝土配合比时应同时优选引气剂和聚丙烯纤维的合理掺量。

　　（2）南水北调西线工程区属强地震区，强地震区建设面板堆石坝的实践，已证明这种坝型在抗强震方面有很高的安全度。同时，应要求混凝土面板有好的柔韧性和吸收振动能量的能力，当堆石坝因地震引起较大局部变形时，需要面板有大的变形能力，不发生严重破坏。从结构动力响应角度考虑，也是薄的比厚的面板更能适应强地震的破坏作用，这可用悬臂板在振动台上试验和由韧度试验、拉伸试验和抗冲击试验来确定聚丙烯纤维的合理掺量。

（3）高坝面板混凝土除满足抗渗试验外，还应尽可能提高混凝土的拉伸极限应变量，以适应较大的变形要求，可由混凝土韧度试验、拉伸试验来确定聚丙烯纤维的合理掺量。

（4）在混凝土趾板和周边缝附近，是裂缝的高发地区，应要求混凝土有高的极限拉伸应变量，在这些部位增加聚丙烯纤维的掺量，使混凝土的极限拉伸应变量达到普通混凝土的 150%～200% 左右是合理的。

为合理使用聚丙烯纤维，节省投资。要求聚丙烯纤维的生产厂家不断改进产品质量，提高聚丙烯纤维和水泥砂浆的结合力，在同样的混凝土配合比及纤维掺量的条件下，弯曲韧性系数和极限拉伸应变量越大说明产品质量越好，反映了纤维在荷载作用下，阻止裂缝扩张的能力强，这可使混凝土其他一些性能指标都得到较大的相应提高，如更好的抗裂、抗渗、抗冻、抗冲击、抗磨损能力等。

6.3.1.4 施工中应注意的问题

（1）配合比。由于聚丙烯纤维具有良好的分散性和极高的抗碱性，所以不必对水泥基体提出任何额外的要求。可按常规混凝土配合比确定水灰比、胶凝材料、骨料和其他外加剂。纤维对混凝土的含气量、容重影响不大，凝结时间稍有提前。纤维可增加混凝土的黏聚性，减少混凝土的离析、泌水，提高了混凝土拌和物的和易性。但聚丙烯纤维会使混凝土坍落度有所降低，工程使用中可根据试验调节坍落度，如适当增加减水剂用量，或保持水灰比不变，同时增加用水量和胶材用量。

（2）拌和时间、投料顺序。纤维同干料一起加入拌和机内，然后直接加水拌和即可，拌和时间可适当延长，以纤维在混凝土中均匀分布为度。不需要先进行干拌，干拌纤维易粘盘，且环境污染严重。

（3）振捣、压面。纤维混凝土成型时无特殊要求。当仓面混凝土坍落度较低时，振捣难度加大，应适当增加振捣时间，保证混凝土充分振实。纤维混凝土比普通混凝土压面难度大，且不易使混凝土面光滑平顺。抹面时不宜采用木抹，以防钩出纤维。

（4）纤维混凝土的养护要求。纤维混凝土的养护无特殊要求，可按正常混凝土养护进行，不能因掺入纤维而放松对混凝土的早期养护。

6.3.1.5 需进一步研究的几个问题

（1）面板混凝土的配合比设计应连同聚丙烯纤维和其他外加剂一并考虑，以满足设计指标的综合要求。对聚丙烯纤维混凝土坍落度比普通混凝土有所减少的问题应在设计配合比时一并考虑。应充分考虑聚丙烯纤维混凝土对坍落度的敏感性不同于常规混同的特点，并留有因施工时气候变化、坍落度进一步减少时的可调余地。

（2）面板中的配筋并不是结构应力要求，而是为了限制混凝土干缩和温度裂缝的宽度以及保证混凝土的整体性。目前规范要求每向配筋率宜为 0.3%～0.4%，并布置在板中部。从混凝土的受力特性分析，如此低的含筋率并布置在板中部，其限裂作用是十分有限的，在挠曲作用下能否保证混凝土整体性也值得怀疑。在面板中适当提高纤维含量，有可能达到消除或限制混凝土干缩和温度裂缝的目的，也可防止因堆石体变形而引起的面板裂缝发生和发展成贯穿性裂缝。

（3）聚丙烯纤维混凝土不仅适用于堆石坝面板，按照其特性还可用于水利水电工程的其他部位，如厂房的水下部分、高速水流的泄流面、面支撑的板式结构、施工道路和桥梁等，以及喷射聚丙烯纤维混凝土等场合。建议结合西线工程，通过试验和施工实践来进一步研究聚丙烯纤维混凝土在水工中的不同应用领域的问题。

（4）目前国外进口的聚丙烯纤维产品不少，国内也有众多厂家在生产，价格和品质相差悬殊。尽早制定聚丙烯纤维和聚丙烯纤维混凝土的标准，利于规范市场，促进厂家采用最新的科研成果，不断提高产品质量，也有利于保证工程质量。

6.3.2 聚丙烯腈纤维

聚丙烯腈，通常称为聚丙烯腈纤维（Polyacrylonitrile fibre，简称 PANF），腈纶是聚丙烯腈纤维在我国的商品名。用85%以上的丙烯腈和其他第二、第三单体共聚的高分子聚合物纺制的合成纤维，又称聚丙烯腈纤维。如果丙烯腈含量在35%～85%之间，而第二单体含量占15%～65%，这种共聚物纤维则称为改性聚丙烯腈纤维。

聚丙烯腈纤维又称腈纶纤维，该纤维比聚丙烯纤维具有更高的弹性模量、抗拉强度、耐酸碱性、耐高温、严寒和抗紫外线性等特点。作为水泥混凝土和沥青混凝土的主要加强筋，可有效地抑制混凝土早期的塑性裂缝和干缩裂缝，提高混凝土的韧性及抗冲击性能，改善混凝土的抗冻、抗渗等耐久性能。从而有效地提高混凝土的抗拉强度、抗疲劳强度和抗弯拉强度。

聚丙烯腈纤维作为混凝土的加筋材料可应用于混凝土路面、桥面、机场道面；水利水电工程面坝、泄洪道等抗冲磨、抗渗要求高的工程；港口、深水码头、跨海大桥及严寒地区工程；斜坡加固、隧道、灌溉水渠、管道修复等喷射/泵送混凝土；地下室侧墙、底板等基础工程的结构性防水；外墙砂浆抹灰及其他温差补偿性抗裂用途；输水渠道、蓄水池、腐化池、游泳池。

聚丙烯腈纤维增强混凝土的实际配合比可根据工厂设计的要求和用途并通过试验确定。用于限制混凝土早期收缩裂缝的纤维，其纤维掺量一般为0.05%～0.2%，常用纤维掺量为0.1%；用于混凝土的增强、增韧等性能时，纤维掺量一般为0.3%～0.4%。

6.3.3 膨胀材料

混凝土膨胀剂是指能使混凝土在水化过程中产生膨胀作用的一种混凝土外加剂，其主要作用是配制自应力混凝土、填充用膨胀混凝土（砂浆）和补偿收缩混凝土。《混凝土膨胀剂》（JC 476—2001）中把膨胀剂分为三种类型：①硫铝酸钙类，主要有硫铝酸盐熟料、高铝水泥熟料、煅烧或未煅烧的明矾石等与石膏粉磨而成，均是以生成钙矾石为主要膨胀源（如 UEA、AEA、CEA、EA-L、PNC、JEA、FS 等）；②硫铝酸钙—氧化钙类，以生成钙矾石和氢氧化钙为主要膨胀源（如 CEA）；③氧化钙类，以氧化钙为主要膨胀源，膨胀性能主要取决于 CaO 的煅烧温度和细度。

硫铝酸钙类膨胀剂是由于产生了硫铝酸钙水化晶体—钙矾石（$C_3A \cdot 3CaSO_4 \cdot 32H_2O$）而发生膨胀，其掺量一般为水泥用量的6%～15%（补偿收缩混凝土6%～12%，填充混凝土10%～15%）。由于钙矾石的化学稳定性和耐水性优良，故使用比较普遍，因而国内绝大多数厂家生产硫铝酸钙类膨胀剂。

氧化钙类膨胀剂是由于氧化钙结晶转化为氢氧化钙［$Ca(OH)_2$］结晶产生体积膨胀，一般掺量为水泥重量的5%左右。由于氢氧化钙在压力水和浸蚀性水下容易分解，所以

《混凝土外加剂应用技术规范》（GBJ50119—2002）的规定：含氧化钙（CaO）类膨胀剂配制的混凝土（砂浆）不得用于海水或有浸蚀性水的工程。

氧化镁类膨胀剂是由于氧化镁水化生成氢氧化镁造成体积膨胀（体积可增加0.94～1.24倍），掺量一般为水泥重量的5%左右。

《混凝土外加剂应用技术规范》（GBJ50119—2002）的规定，混凝土可采用下列膨胀剂：硫铝酸钙类、硫铝酸钙—氧化钙类、氧化钙类。

膨胀剂可以补偿混凝土的收缩，钙矾石类膨胀主要发生在水化早期，在保证混凝土早期实样、湿养的条件下，3d膨胀量一般可达到40%～50%，7d膨胀量可达到85%以上。它是靠混凝土早期产生一定的预压应力（0.2～0.7MPa）来补偿湿养结束后的收缩，而不是同步的简单相抵。

掺膨胀剂是防止和减少混凝土开裂行之有效的方法之一。对于混凝土面板，其基底和周边约束较小，约束主要来自钢筋。面板配筋不同于结构配筋。面板的纵向配筋率大部分为0.4%，钢筋间距一般为260～300mm，且基本为单配筋，与膨胀混凝土要求配筋细而密的原则有些差距。面板混凝土掺膨胀剂设计时，约束条件一般只考虑配筋率，而对面板配筋特点考虑较少。对面板混凝土，特别是靠近表层部位，应考虑是否具有能够产生设计膨胀率（预压应力）的足够约束。约束小，膨胀率过大，会消弱混凝土的强度，甚至开裂，膨胀率过小，产生的预应力小，补偿干缩能力也小。

膨胀剂掺量应按等量取代胶凝材料的内掺法，即：当以水泥和膨胀剂为胶凝材料的混凝土，设基准混凝土配合比中水泥用量为C_0，膨胀剂取代水泥率为k，则：

膨胀剂：
$$E = C_0 k \,(\mathrm{kg/m^3}) \tag{6.3-2}$$

水泥：
$$C = C_0 - E \,(\mathrm{kg/m^3}) \tag{6.3-3}$$

当以水泥、掺合料和膨胀剂为胶凝材料的混凝土，设膨胀剂取代胶凝材料率为k，设基准混凝土的配合比中水泥用量C'，掺合料用为F'，则：

膨胀剂：
$$E = (C' + F') k \,(\mathrm{kg/m^3}) \tag{6.3-4}$$

水泥：
$$C = C' (1 - k) \,(\mathrm{kg/m^3}) \tag{6.3-5}$$

掺合料：
$$F = F' (1 - k) \,(\mathrm{kg/m^3}) \tag{6.3-6}$$

膨胀剂不应与氯盐类外加剂同时使用，与防冻剂复合使用要慎重。掺膨胀剂时须做现场混凝土配合比试验。目前面板混凝土中掺用 VF-Ⅱ 膨胀剂的水利水电工程主要有：珊溪、义乌八都、宁波梅溪、三板溪、龙门滩一级、洪家渡等。

6.3.4　减缩材料

干缩是由于混凝土中的水分从表面蒸发、表层毛细孔失水形成毛细张力而引起的收缩。干缩是混凝土表面产生裂缝的主要原因之一。掺入膨胀材料是通过补偿混凝土收缩的手段来控制裂缝的产生。而减缩剂是从混凝土材料本体上来解决干缩问题，它能有效降低水泥石毛细孔中液相的表面张力和收缩力，使混凝土干缩值显著减少（28d干缩值可以减小30%～50%），对减少面板混凝土的干缩裂缝将会十分有利。

减缩剂的种类很多，常用的主要有多元醇、烷基醚聚氧化乙烯加成物、脂肪族聚氧乙烯脂、醚类和梳齿型接枝共聚物等。梳齿型接枝共聚物技术在国际上代表减缩剂的最高水平。减缩剂价格昂贵，主要是由于原料国内几乎无厂家生产，而采用进口原料。中国水利水电科学研究院研制的几种减缩剂试验结果见表6.3-2。

表 6.3-2 不同减缩剂水泥砂浆的减缩率

龄期/d	减缩率/%		
	减缩剂 A	减缩剂 B	减缩剂 C
1	79	75	90
3	61	59	75
7	57	52	47
21	51	46	45
28	50	45	44

6.4 面板防裂技术在面板堆石坝工程应用实例

6.4.1 聚丙烯纤维混凝土在白溪水库面板坝Ⅱ期面板上的工程应用

6.4.1.1 工程概况

白溪水库是一座以供水、防洪为主，兼顾发电、灌溉等具有综合利用效益的大（2）型水利枢纽工程。拦河坝为钢筋混凝土面板堆石坝，坝顶高程177.40m，最大坝高124.4m，坝顶长398.0m，顶宽10m，上游坝坡1∶1.4，下游坝坡1∶1.25。面板共分33块，除1号、2号和33号块板宽小于12m以外，其余均为12m宽板块，面板厚度由坝脚（高程53.00m）66.10cm渐变至坝顶（高程174.25m）的30cm，混凝土面板最大斜长达206.41m，面板表面积4.93万 m^2，混凝土设计总量2.17万 m^3。

面板混凝土分两期施工，Ⅰ期面板混凝土设计高程128.50m，最大斜长128.09m，混凝土于2000年1月10日浇筑结束。Ⅱ期面板为高程128.50m以上部分，最大斜长78.33m，混凝土于2000年9月20日开浇至12月5日结束，历时77d，实际浇筑混凝土1.1万 m^3。

聚丙烯纤维混凝土在国外军事、房建、水利等工程中已得到了广泛的应用。这一新材料的应用在我国才刚刚起步，尤其在水利水电工程中的应用有待进一步试验论证。为此，针对白溪大坝Ⅱ期面板混凝土进行室内试验研究，并将阶段成果在溢洪道进水渠底板进行施工试验，把施工中存在的问题进行反馈，然后进行配合比调整。并于2000年8月提供最终配合比。为验证聚丙烯纤维混凝土在大坝面板上施工适宜性，于同年9月在Ⅱ期面板的少量板块上进行施工工艺性试验。先进行1号块施工，在总结经验的基础上再进行3号块和9号块的施工。经专家组评定，建议在Ⅱ期面板上全面应用。

通过试验块的经验总结，对试验块暴露出的问题，如坍落度及混凝土运输时间控制、压面困难、工序衔接等问题在后续块施工中采取了相应的对策，并对混凝土拌制方式进行改进，既保证了混凝土质量，又大大提高工效。为进一步检验聚丙烯掺量对混凝土质量及施工工艺的影响，于11月30日在28号块上进行了增加聚丙烯掺量的对比试验。

6.4.1.2 面板混凝土配合比

（1）面板混凝土设计指标。

1）材质。密度：0.91g/ cm^3；纤维长度：15±1mm；直径：51 μm；燃点：590℃；

熔点：167.2～168.8℃；抗拉强度：382.9MPa；极限拉伸：59.9%；加入防老化剂。

2）掺量。混凝土中掺 0.9kg/m³，约有 3400 万～5300 万根纤维丝，其掺量约为混凝土体积的 0.1%。

3）粉煤灰。质量不低于Ⅱ级（含Ⅱ级）等量替代水泥，掺量为水泥用量的 15%。

4）混凝土水灰（胶）比 0.40～0.425。

5）混凝土含气量 4%～5%。

6）坍落度。出机口为 6～8cm，仓面为 3～4cm，可根据气候作适当调整。

7）纤维在混凝土中的均匀度：现场随机取样，每个试样纤维丝含量与设计值之差小于 6%。

8）聚丙烯纤维混凝土力学性能要求。满足 C25W8F100，保证率大于 95%。二级配混凝土，最大集料粒径小于 40mm。

（2）面板混凝土配合比。在面板试验块施工前，于 2000 年 9 月 19 日，在工地试验室对 A-3 配合比进行试拌，拌制方量 0.0398m³，测试混凝土坍落度偏小，不能达到 6～8cm 的要求，加水 300mL 后，重新拌制，实测坍落度为 6.7cm。通过试拌对 A-3 配合比进行调整，聚丙烯混凝土设计配合比见表 6.4-1。

表 6.4-1　　　　　　　　　　聚丙烯混凝土设计配合比

编号	水灰比	砂率 /%	坍落度 /cm	混凝土材料用量/(kg/m³)							
				水泥	粉煤灰	聚丙烯	砂	卵石		Bly-I 1%	NMR 0.75%	水
								5～20 mm	20～40 mm			
A-3	0.425	37	6～8	254	45	0.9	670	595	595	2.99	2.24	127

6.4.1.3　混凝土施工

（1）现场施工准备。

1）混凝土拌和系统布置。坝顶填筑至高程 173.38m，宽约 15m，长约 400m，根据其长条形地势，采用一条龙布置方案，将 100m 的拌和系统长龙布置在坝顶。本系统配置 0.75m³ 拌和机 3 台、16m 长皮带机 2 台、电子秤配料机 4 台、ZL30 装载机 1 台。

2）坝面布置。坝坡上布置 2 台钢筋运输台车，2 台 3t 卷扬机，2 套无轨滑动模板，均为 14m，4 台 5t 卷扬机。每套滑模采用 2 台卷扬机牵引，每台钢筋台车用 1 台卷扬机牵引，牵引系统由卷扬机、配重块和滑轮组成。坝面布置有混凝土卸料受料斗，后面连接溜槽，控制混凝土入仓，斜溜槽设置在钢筋网上，并用铁丝固定，每个仓面设置 2 条溜槽。

（2）施工工艺。施工工艺流程如下：原材料储备、检验→浇筑工作面清理→测量与放样→保护层脱空检查→铺设板间缝砂浆垫层及周边缝沥青砂垫层→止水铜片加工及安装→打法向架立筋→架设钢筋网→观测仪器埋设→安装侧模→安装滑模、溜槽→仓面验收→混凝土制备、运输→坍落度检测→混凝土平仓、振捣→滑升模板、压面→混凝土内部温度检测→拆除侧模、裂缝检查。

（3）混凝土浇筑。

1）混凝土拌制。

①混凝土拌制方式的选择。为便于计量，每拌混凝土按 0.591m³ 配料（三袋水泥）。砂石料秤量由电子秤完成，水泥、粉煤灰、聚丙烯、外加剂人工投放，各种材料设专人投放，并做好记录。根据级配报告，混凝土拌制时间为 5min，先干拌 1min，后湿拌 4min，即先按中石、小石、水泥、粉煤灰、聚丙烯顺序进料，再干拌，然后加水及液体外加剂，再湿拌。

经过试验块和前期几块面板施工，发现先干拌、后湿拌的拌制方法存在以下问题：

第一，混凝土坍落度变化较大。因干拌时水泥、聚丙烯、黄砂、粉煤灰粘贴在拌和机筒壁上，拌制后的混凝土坍落度较大。经敲打筒壁后，粘贴在筒壁上的砂浆掉下，然后加入新的拌和料，而加水量不变，拌制后的混凝土坍落度又变小，故混凝土坍落度难以控制。

第二，环境污染严重。干拌时水泥、粉煤灰、聚丙烯飞扬，使工作环境受到严重污染，并造成材料损失。

第三，产生效率低。为减少粘贴在拌和筒壁上水泥砂浆，每次进料前都要用榔头敲打一阵后，再进料拌制混凝土，且经常停机，用人工凿除刀片上的砂浆。

针对上述问题，施工单位提出取消干拌程序，直接湿拌。为慎重起见，于 2000 年 10 月 13 日，在现场做先干拌 1min 后，再湿拌 4min 与直接 4min 湿拌的对比试验，试验成果见表 6.4-2。

表 6.4-2　　　　　　　　　　　干拌湿拌对比试验成果表

拌和形式	时间	抗压强度/MPa		均匀性/(kg/m³)	坍落度/cm		
		3d	28d		第1次	第2次	第3次
干拌	1min	24.2	39.5	0.905	6.9	5.3	3.2
湿拌	4min						
湿拌	4min	24.1	42.7	0.89	6.4	6.1	6.5

从表 6.4-2 试验成果看，湿拌 4min 能满足设计要求，为寻找最佳拌和时间，于 2000 年 10 月 23 日，在坝顶拌和系统做湿拌时间的对比试验，试验成果见表 6.4-3。

表 6.4-3　　　　　　　　　　　湿拌时间对比试验成果表

时间/(h：min)	拌和时间/min	气温/℃	水温/℃	混凝土温度/℃	实测坍落度/cm	机尾编号	均匀性/(g/kg)	机尾编号	均匀性/(g/kg)	抗压强度/MPa
14：18	4	28	24	25.5	4.5					
14：30	4	28	24	25.5	4.2	1	0.3276	2	0.3403	41.4
14：50	4	28	24	25.5	5.1	3	0.3647	4	0.3955	
15：00	5	27	24	26.5	3					
15：10	5	27	24	26.5	3.2	5	0.3608	6	0.3774	43.4
15：22	5	26	24	26.5	3.4	7	0.3714	8	0.3800	

经过上述试验，最终选择湿拌 5min 方式拌制混凝土。

②坍落度的调整。坍落度大小直接影响混凝土的运输、振捣、强度及外观质量。坍落度过大混凝土运输过程中易分离，混凝土强度达不到设计值，且出模后混凝土易下塌，表面平整度差；坍落度过小混凝土在溜槽中易发生堵塞现象，滑行困难，入仓后难易振捣，滑模时阻力大，易拉裂。因该混凝土坍落度损失较快，现场试验室的试拌结果，1h 后坍落度为零。实际施工中坍落度 0.5h 后损失 1/2。为寻求最佳坍落度，在施工过程中经常检测机口和仓面坍落度，并结合施工时振捣、滑模、压面等情况及时调整机口坍落度。将机口坍落度控制在 4～6cm 范围内，比坍落度设计值低 2cm。

2）混凝土运输。混凝土运输由场外运输和仓面运输两部分组成。因拌和系统布置在坝顶，运距较短，故采用 0.4m³ 机动翻斗车（工程车）完全满足混凝土运输质量，途中运输在 15min 之内。仓面采用溜槽运输，为避免因日晒、雨淋而影响混凝土质量，同时也为防止飞石伤人，溜槽顶面采用防雨布遮盖。

3）混凝土浇筑。

①混凝土入仓、振捣。工程车将成品混凝土送至所浇块坝顶受料斗，由溜槽至浇筑仓面，采用人工移动溜槽端部，不断调整混凝土入仓部位，并使仓面混凝土面高度均匀，并辅以人工平仓。入仓后停留片刻，再进行振捣，出模后的平整度较好。仓面设 φ30 和 φ50 两种振捣器，其数量比普通混凝土振捣多 1～2 台，振捣时严格按要求操作，确保混凝土内部密实。

②模板滑升。模板滑升速度的控制要根据入仓强度、振捣质量、坍落度大小，是否抬模及出模后是否存在塌坍现象等因素确定，1 号试验块平均滑升速度 1.711m/h，3 号试验块平均滑升速度 1.721m/h，最大滑升速度 1.898m/h，最小 1.576m/h。后续块施工最大滑升速度 3.12m/h，最小 0.71m/h，平均 1.92m/h。

③压面。混凝土出模后立即进行一次压面，待混凝土初凝结束前完成二次压面。从实际施工情况看，此种混凝土比普通混凝土抹面难度大，工作效率低，抹面泥工增加 1 倍（安排 6～7 人），且不易使混凝土面光滑平顺。

4）养护。二次压面结束后立即覆盖塑料薄膜，终凝后掀掉薄膜，覆盖草帘，并进行不间断的洒水养护。

（4）28 号试验块施工。为进一步检验聚丙烯掺量多少对混凝土质量及施工工艺的影响，在 28 号试验块上进行了掺 1.2kg/m³ 聚丙烯混凝土试验。

1）混凝土设计配合比。28 号试验块采用 A-4 配合比，由南科院提供，见表 6.4-4。

表 6.4-4　　　　　　　　　　聚丙烯混凝土设计配合比表

编号	水灰比	砂率/%	坍落度/cm	混凝土材料用量/(kg/m³)							
				水泥	粉煤灰	聚丙烯	砂	卵石		Bly-I 1%	NMR 0.75%	水
								5～20 mm	20～40 mm			
A-4	0.41	37	6～8	253	45	1.2	686	610	610	2.98	2.24	123

2）现场生产性试验。2000 年 11 月 24 日，在坝顶做 A-4 配合比生产性试验。试验

结果表明：该种混凝土几乎无泌水，保水性好，坍落度30min后损失近1/2；砂浆富余，易振捣；抹面难度比A-3调配合比混凝土大一些；聚丙烯纤维的均匀性控制在-13%～+7.5%范围之内，平均值为1.17kg/m³，误差为-2.5%。

3）试验块施工。2000年11月30日，在28号试验块使用A-4配合比进行混凝土浇筑，并做了相关试验。

（5）混凝土检测成果。

1）现场施工检测成果。施工阶段检测项目包括坍落度、温度、含气量。Ⅱ期面板检测结果见表6.4-5。

表6.4-5　　　　　　　混凝土浇筑时温度、坍落度、含气量测试汇总表

测试项目	设计值	实测平均值	实测最大值	实测最小值	频数
气温/℃		15.1	32.5	4.0	577
水温/℃		16.7	28	7.5	576
混凝土温度/℃		18.8	29.5	10.5	575
坍落度/cm	6～8	5.7	8.2	2.9	419
含气量/%	3～5	4.56	6.0	3.6	81

2）纤维均匀性检测。在3号试验块浇筑时对纤维均匀性做了检测，取混凝土样品重2310g，筛分后经烘干纤维秤重约0.89g，含量约为0.88kg/m³，从样品中观测纤维在混凝土中分布较均匀，但未做单位体积纤维根数测定。

3）混凝土力学性能检测。

①试验块混凝土力学性能检测。在1号试验块用A-3调配合比做一组掺与不掺纤维的对比试验，试验成果见表6.4-6。

表6.4-6　　　　　　　1号试验块混凝土力学性能对比试验成果表

级配编号	坍落度/cm	抗压强度/MPa			劈裂强度/MPa		抗冻等级	抗渗等级
		3d	7d	28d	7d	28d		
A-3调级配	3.0	24.2	30.6	39.5	1.62	2.64	>F100	>W12
A-3（不掺纤维）	3.6	20.0	25.9	34	1.41	1.7	<F100	>W12

从表6.4-5中可以看出，掺纤维后的混凝土力学性能指标明显好于不掺纤维的混凝土。

在28号试验块做了增加纤维掺量的试验，纤维掺量由0.9kg/m³增至1.2kg/m³，其力学性能对比试验成果见表6.4-7。

表6.4-7　　　　　　　1号试验块混凝土力学性能对比试验成果表

级配编号	抗压强度/MPa					劈裂强度/MPa		抗折强度/MPa	抗冻等级	抗渗等级
	3d	7d	28d	60d	90d	7d	28d			
A-4	20.7	30.0	37.5	39.4	42.7	1.6	2.25	3.4	>F100	>W12

②Ⅱ期面板混凝土质量评定。Ⅱ期面板混凝土质量评定结果见表6.4-8。

表6.4-8　　　　　　　　　　　　Ⅱ期面板混凝土质量评定结果表

项目	抗压强度/MPa	劈裂抗拉强度/MPa	抗折强度/MPa	抗冻等级	抗渗等级
最大值	50.1	2.94	3.4	＞F150	＞W12
最小值	29.2	2.1		＞F100	＞W8
平均值	38.8				
组数	108	15	1	6	7

从表6.4-8中可以看出检测数据表明Ⅱ期面板聚丙烯纤维混凝土各项指标均满足设计要求。

4）裂缝检测。采用读数显微镜对Ⅱ期面板聚丙烯纤维混凝土的裂缝宽度、长度进行观测，并用超声波检测仪对裂缝深度进行观测。

Ⅱ期面板裂缝宽度超过0.15mm的共8条，其中裂缝宽度超过0.20mm的有4条，裂缝总数量少于一期常规混凝土面板，而且裂缝宽度、深度、长度都较一期面板有明显改善。与国内同类面板坝相比，面板裂缝数量较少，充分显示了聚丙烯纤维混凝土良好的抗裂性，同时，面板的质量和耐久性也有所提高。

（6）施工管理。在Ⅱ期面板开浇前，施工单位对施工及管理人员进行了详细的技术交底，并对一期面板施工工艺欠佳工序提出改进方案，使操作人员心中有数，避免盲目施工。并实施机关干部值班制度，及时解决施工问题。严把混凝土拌和材料计量关，除砂石料由电子秤计量外，水泥、粉煤灰、聚丙烯纤维、外加剂均采用人工投放，为避免误投，采用专人投放，确保计量准确。精心施工，混凝土拌和均匀，振捣密实及时做好面板混凝土的养护及保护工作。混凝土的内在质量是好的，各项指标均满足设计要求。

纤维混凝土宜在30℃以下气温施工，坍落度最佳控制范围为：出机口4~6cm，仓面2~3cm，此值可保证运输、入仓、振捣、滑模及抹面的顺利进行。掺1.2kg/m³纤维比掺0.9kg纤维对提高混凝土抗裂有好处，但出模后抹面比较困难。试验表明，掺入聚丙烯纤维后能减少混凝土干缩约7%，开裂指数约60%，提高极限拉伸约8%，降低弹性模量约9%，提高弯曲韧性系数35%，抗冻等级从F100提高到F200。掺入改性聚丙烯特种纤维可以明显减少混凝土收缩和开裂，改善混凝土的变形性能和提高耐久性。

6.4.2　聚丙烯腈纤维混凝土在水布垭面板混凝土中的应用

6.4.2.1　工程概况

水布垭水利枢纽工程位于湖北省巴东县，是三峡水利枢纽工程下游支流—清江梯级开发的控制工程，上距恩施市117km，下距隔河岩水利工程92km，距河口153km，工程开发的主要任务是发电和防洪，其坝址控制流域面积10860km²，多年平均降雨量1500mm，多年平均流量299m³/s，多年平均年径流量94.4亿m³。根据坝址邻近长阳水文气象站的观测资料，多年平均气温为16.4℃，多年平均水温为16.4℃，20cm深处多年平均地温为18.0℃，实测多年平均风速为1.2m/s，实测多年最大风速为16m/s。

水布垭面板堆石坝顶部高程405.00m，底部高程176.00m，最大坝高233.0m，是世界上已建成的最高混凝土面板堆石坝。大坝混凝土面板厚度由底部 1.1m 渐变至顶部 0.3m，面板竖向共分 58 个条块。其中，两岸坝肩受拉区设 15 条张性缝，缝间距 8m；其余受压区设压性缝，缝间距 16m。面板混凝土分三期浇筑，在高程 278.00m 及 340.0m 处设有两条水平施工缝，钢筋穿过缝面。面板最大斜长 392.0m，最大浇筑块斜长 162.0m。面板面积共 13.84m²，混凝土工程量 8.66 万 m³。

6.4.2.2 面板混凝土配合比

（1）面板混凝土性能要求。水布垭面板混凝土分三期施工，根据各期的施工环境、受力特点及运行条件，拟定各期面板混凝土性能要求见表 6.4-9。

表 6.4-9　　　　　　　　　　水布垭面板混凝土性能要求表

分期	强度等级	抗渗等级	抗冻等级	级配	极限拉伸值 $\varepsilon_p/(\times 10^{-6})$	坍落度 /cm	最大水胶比	纤维类型	说明
一	C30	W12	F100	二	≥100	3~7	0.38	聚丙烯腈纤维	死水位以下
二	C30	W12	F150	二	≥100	3~7	0.40		
三	C30	W12	F200	二	≥100	3~7	0.40	聚丙烯腈纤维与钢纤维混掺	水位变化区

（2）混凝土原材料。

1）水泥。选用荆门葛洲坝水泥厂的 42.5 中热硅酸盐水泥，要求水泥熟料中 MgO 含量应控制在 3.5%~5%，以保证混凝土具有微膨胀性，使 90d 龄期自生体积变形大于 20×10⁻⁶，从而降低和补偿混凝土的收缩性。

2）粉煤灰。选用湖北襄樊电厂生产的 I 级粉煤灰。

3）粗、细骨料。人工骨料要求质地坚硬、洁净、级配良好，主要采用公山包料场的灰岩制作。细骨料的细度模数控制在 2.4~2.7 范围内；粗骨料采用二级配，最大粒径为 40mm，分成 5~20mm 和 20~40mm 两级，小石：中石＝55：45，以提高混凝土的抗分离能力。

4）外加剂。根据对水布垭面板混凝土性能的基本要求，需采用具有缓凝、减水、引气功能的外加剂。采用 SR3 减水剂和 AIR202 引气剂复合使用，该复合外加剂具有如下特点：①具有良好的缓凝、减水及引气效果；②由于羧酸类减水剂的长链特性，使配制的混凝土具有良好的触变性，即混凝土静置一段时间（0.5~1h）后再振动或翻动，混凝土就会恢复相当的流动性；③混凝土静置一段时间后，坍落度及含气量都基本无损失，有助于将混凝土坍落度以控制在 3~5cm 范围；④混凝土具有良好的黏聚性，有利于长溜槽运输过程的抗分离。以上特点对水布垭水利工程这样的高坝、长面板尤其重要，大大地改善了面板混凝土的工作性。

5）纤维。长江科学院的试验表明，混凝土中掺适量的纤维可提高面板混凝土的抗裂性，尤其是能提高初裂强度和韧性。掺合成纤维能提高初裂强度 10%，掺钢纤维能提高初裂强度 30%。

为降低成本，在一期、二期面板混凝土中仅采用聚丙烯腈纤维（单丝型）。这种纤维弹性模量不小于 15000N/mm²，比其他合成纤维（如聚丙烯纤维）的弹性模量高一个量级，与混凝土的弹性模量量级相当，便于和混凝土协调变形。

三期面板采用了钢纤维（冷拉型）和聚丙烯腈纤维（单丝型）复掺的方式。

（3）实际施工配合比。根据设计提出的要求，在多次的室内试验的基础上，进行现场生产性试验，最后得出各期面板混凝土施工配合比见表 6.4-10。

表 6.4-10　　　　　　水布垭面板堆石坝各期面板混凝土施工配合比表

| 工期 | 主要参数 | | | | | 材料重量/(kg/m³) | | | | | | | | | | 坍落度/cm |
	SR3/%	AIR202/%	水胶比	F/%	S/%	W	C	F	S	小石	中石	聚丙烯腈纤维	钢纤维	SR3	AIR202	
一	0.5	0.015	0.38	20	39	132	278	69	763	658	539	0.8		1.74	0.052	5～7
二	0.5	0.015	0.38	20	39	135	284	71	759	653	534	0.8		1.78	0.053	7～10
三	0.5	0.020	0.38	20	42	146	307	77	782	598	490	0.7	30	1.92	0.0768	3～7

6.4.2.3　聚丙烯腈纤维混凝土应用效果

水布垭面板混凝土分三期施工。一期面板混凝土于 2005 年 1 月 6 日至 3 月 27 日浇筑，二期面板混凝土于 2006 年 1 月 21 日至 4 月 1 日浇筑，三期面板混凝土于 2007 年 1 月 4 日至 3 月 28 日浇筑。施工过程中发现，面板混凝土确实具有坍落度损失小、和易性好、黏聚性高、抗分离能力强和触变性好等良好的工作性，各项指标能达到设计要求，浇筑的面板混凝土均未发现早期裂缝。

6.4.3　VF-Ⅱ防裂剂在珊溪水库面板混凝土应用

6.4.3.1　工程概况

珊溪水库位于浙江省文成县境内飞云江干流中游河段，坝址位于文成县珊溪镇上游 1km，距文成县 28km，距温州市 117km。主要建筑物由钢筋混凝土面板堆石坝、溢洪道、泄洪洞、引水发电洞、发电厂房和开关站等组成。珊溪水库坝址多年平均气温为 19.6℃，7 月平均气温为 29.5℃，1 月平均气温为 9.5℃，年最大温差为 43.3℃。

大坝为钢筋混凝土面板堆石坝，最大坝高 132.5m，坝顶长度 448m，宽度 10m，上游坝坡 1:1.4，上游设置钢筋混凝土防渗面板，共分为 38 块，其中宽 12m 的有 31 块，靠左岸 7 块的宽度为 6m。面板厚度 0.68～0.3m，最大斜长 222.55m，面板总面积 6.88 万 m²，混凝土 3.12 万 m³。

面板分二期施工，第一期面板顶部长度 354m，厚度 0.68～0.43m，最大斜长 143m，面积 3.88 万 m²，混凝土 2.1 万 m³。第二期面板顶部长度 414m，厚度 0.43～0.3m，最大斜长 79.55m，面积 3.00 万 m²，混凝土 1.02 万 m³。

6.4.3.2　面板混凝土配合比

（1）面板混凝土性能要求。面板混凝土的设计强度等级为 C25，抗渗标号 S12，抗冻标号 D100，强度保证率不低于 95%。混凝土的抗拉强度不小于 3.5MPa，极限拉伸值不小于 $111×10^{-6}$。采用 525 号普通硅酸盐水泥，二级配混凝土，中小石比例为 45:55 左右，砂率 38%，掺一级粉煤灰、高效减水剂、优质引气剂，含气量 3%～5%。水灰比小于 0.4，入仓混凝土的坍落度为 3～4cm。

（2）混凝土原材料。

1) 水泥。采用浙江江山 525 号普通硅酸盐水泥，除了水泥熟料化学、矿物成份及物理力学性能应符合国标规定外，还应重视其水化热，膨胀性和含碱量。水泥 3d 水化热为 249 kJ/kg，7d 的相应值为 282 kJ/kg，属中热水泥。水泥中 MgO 含量略大于 2.0%，有微膨胀性。K_2O 含量为 0.62%，N_2O 为 0.08%，折合碱含量为 0.48%，低于 0.6% 的低碱水泥标准，同时还应控制混凝土的总碱量在 2.4 kg/m³ 左右。

2) 砂石骨料。采用河床冲积砂砾石筛选的天然骨料，含有石英斑岩、流纹斑岩、凝灰岩等。长江科学院对骨料碱活性进行了试验，证明骨料有潜在活性。建议使用低碱水泥和粉煤灰，含碱量分别控制在 0.6% 和 1.5%，并控制混凝土中的总碱量不超过 2.4 kg/m³。砂、小石、中石的平均含水率分别为 4.2%、0.8% 和 0.2%，含泥量分别为 1.3%、0.5% 和 0.3%，均小于规定值。

3) 粉煤灰。选用南京热电厂 I 级粉煤灰。粉煤灰细度为 7.2%~10.4%，需水量比为 92.4%~94.4%，烧失量为 1.8%~3.1%，均达到 I 级粉煤灰的国家标准。

4) 外加剂。选用 VF-II 型防裂剂、高效减水剂 NMR、引气减水剂 BLY。这些外加剂各项指标均符合行业标准和国家标准。防裂剂 VF-II 曾在浙江梅溪和八都水库面板混凝土中使用，均未出现裂缝。

(3) 实际施工配合比。根据面板混凝土技术要求，在多次的室内试验的基础上，进行现场生产性试验，最后确定面板混凝土施工配合比见表 6.4-11。

表 6.4-11　　　　　　　　珊溪水库面板堆石坝各期面板混凝土施工配合比表

主 要 参 数					混凝土材料用量/(kg/m³)								
水胶比	砂率/%	粉煤灰/%	VF-II/%	坍落度/cm	水泥	砂	卵石		粉煤灰	VF-II	NMR(0.75%)	水	BLY(1%)
							55~22/mm	20~40/mm					
0.388	35	15	8	3~5	287	625	547	671	51	29	2.752	124	3.67

6.4.3.3　珊溪水库面板混凝土防裂施工措施

混凝土面板发生裂缝的主要原因是温度和干缩。面板混凝土由于温度和湿度的变化产生收缩变形，在基础约束下发生拉应力，温度应力和干缩应力大于混凝土抗裂能力时，混凝土就会开裂。因此，必须在施工中采取有效而严格的措施以减少混凝土的破坏力。

(1) 选择有利时机浇筑面板混凝土。珊溪水库面板混凝土选择在 11 月中旬开始施工，1 月底结束。混凝土浇筑之后处于温度逐渐回升阶段，有利于改善温度收缩应力。

(2) 加强保温保湿。混凝土面板厚度 0.68~0.3m，水化热温升阶段短，最高温度峰值出现较早，随后很快出现降温趋势。面板表面及时和连续保温保湿，有利于降低混凝土的热交换系数，提高面板表面温度，降低温度急速降低的冲击力和减缓变形变化，从而减小裂缝的破坏力。不同时间测得的初长的膨胀量表明，龄期 24h 的初长膨胀量仅为 6h 的 42.8%。可见尽早保温保湿，避免影响补偿收缩效果有重要作用。

采取措施有：混凝土出模以后，即在表面覆盖塑料布，初凝后用草袋覆盖，终凝后流水或洒水连续养护至水库蓄水。

（3）保证混凝土质量的均匀性。控制混凝土各种材料称量的准确性。规定砂石骨料称量误差小于2%，水泥及外加剂误差小于1%，保证混凝土和易性好，不离析不泌水。随时监控混凝土含气量及入仓坍落度。

（4）改善面板约束条件。面板的变形受到垫层料保护层砂浆的约束而产生应力。为了减小这种约束，防止裂缝，垫层料保护层为50号碾压砂浆。表面平整度按3m×3m方格网控制，其偏差不超过设计线5cm，局部低凹部位用低标号砂浆填平抹顺，分层碾压的砂浆接头处不得出现陡坎和错台。

6.4.3.4 VF-Ⅱ防裂剂防裂效果

一期面板浇筑时间为1999年11月11日至2000年1月17日，二期面板浇筑时间为2000年11月至2001年1月18日，浇筑期间日平均气温1.7～18.2℃，月平均气温10℃左右，特别在1999年12月20～24日气温骤降，从11℃降到-4℃，由于面板混凝土设计时考虑了足够的安全余量，加上施工时保温工作做得充分，故较好地避免了裂缝的产生。在一期面板浇筑期间和完成后，先后检查6次，在3.88万m²一期面板内均未发现裂缝；二期面板浇筑完成后经检查，亦未发现裂缝。说明珊溪水库面板混凝土防裂效果是明显的。

6.5 南水北调西线工程面板混凝土建议采取的防裂措施

南水北调西线工程地区受季风和青藏高原地理环境诸因素影响，具有如下气候特点：太阳辐射强、日照时间长；冬季严寒，低温持续时间长，夏季凉爽，气温不高，昼夜温差大，但气温年差较小；湿度低，干、雨季分明；雨日多，降水强度小，年雨量较多，蒸发量大；多大风、霜冻、冰雹、雷雨等灾害性天气，还有气压低、含氧量少等高原特有气候特征。为防止和减少混凝土面板产生裂缝，建议采取下述防裂措施。

（1）南水北调西线工程区地层岩性为上三叠系砂板岩互层，砂岩饱和抗压强度一般为74.7MPa，天然密度2.68g/cm³。为尽可能减少坝体不均匀沉降，选择以巨厚层、厚层砂岩为主的岩石地层石料作为坝体填筑料。

（2）考虑该地区冬季长，且气候条件恶劣，借鉴高寒冷地区施工经验，为保证工程质量，减少冬季防护费用，建议冬季低温季节不安排面板混凝土施工。

（3）尽可能安排坝体全断面均衡填筑，严格控制填筑质量，确保坝体密实度满足设计要求，垫层表面防护采用喷乳化沥青，以减小其对混凝土面板的约束。

（4）坝体填筑完成后进行一定时期的预沉降，沉降所需的时间一般为3～6个月，应以变形观测仪器观测情况而定。

（5）选择最佳的面板混凝土施工时段；浇筑时段安排在汛前的5～6月，出于混凝土浇筑后强度增长的要求，汛后的9月、10月一般不安排混凝土面板浇筑。

（6）面板混凝土采用高标号补偿收缩混凝土。面板混凝土设计标号不低于C30，抗冻标号不低于D200。

（7）面板混凝土配合比设计采用抗裂措施，可研究选用纤维混凝土。每立方米混凝土掺入纤维一般在0.6～1.5kg/m³之间，在施工现场应做掺入量等试验。

（8）研究针对南水北调西线枢纽工程自然条件的混凝土养护方法，施工中严格执行混凝土养护规程。由于该地区昼夜温差大，多大风，混凝土面板混凝土易发生温度裂缝，因此，在滑膜浇筑面板混凝土时，在滑模后拖一块长 8～10m 的塑料布保护，混凝土初凝后，即进行不间断的洒水养护，直至水库蓄水。如遇大风降温或寒潮，可在混凝土中加入防冻剂，并在寒潮到来前及时覆盖塑料薄膜和 EPE 保温材料等进行保温防护。

（9）在气温降温时，对裸露面板采取必要的覆盖保护措施。

7 沥青混凝土心墙堆石坝沥青心墙施工技术研究

7.1 沥青混凝土原材料

7.1.1 沥青

7.1.1.1 沥青的基本特性

沥青是一种有机胶结材料，它是由一些极其复杂的碳氢化合物及碳氢化合物与氧、氮、硫的衍生物所组成的混合物。沥青在常温下呈固体、半固体或液体状态，颜色为褐色或黑褐色。沥青不溶于水，能溶于二硫化碳、四氯化碳、三氯甲烷、三氯乙烯等有机溶剂中。按照沥青的来源不同，沥青分为地沥青和焦油沥青两大类。地沥青又分为天然沥青和石油沥青两种。

根据《土石坝碾压式沥青混凝土防渗墙施工规范》（SD 220—87）的要求：水工沥青混凝土使用的沥青应采用石油沥青，其品种和标号应根据设计要求经试验确定，一般选用道路石油沥青 60 甲和 100 甲，质量应符合《道路石油沥青标准》（SYB 1661—77）规定的要求。

7.1.1.2 石油沥青主要技术性能

（1）黏度及针入度。黏度是指沥青材料在外力作用下，沥青颗粒间产生相互位移时抵抗变形的能力。

由于沥青黏度测定方法比较复杂，目前我国黏稠沥青技术标准多采用针入度评定。

沥青的针入度是沥青试样在规定温度条件下，以规定荷重的标准针，在规定的时间内贯入试样中的浓度。单位以 1/10mm 表示，沥青针入度测定条件见表 7.1-1。

表 7.1-1　　　　　　　　　　　沥青针入度测定条件

温度/℃	荷重/g	时间/s	温度/℃	荷重/g	时间/s
0	200	60	25	100	5
4	200	60	46.1	50	5

我国黏稠沥青技术标准规定针入度条件为 25℃，荷重 100g，时间 5s，即 P（25℃、100g、5s）。

沥青针入度即是沥青在一定温度条件下的条件黏度，简称"等温黏度"。针入度愈大，黏度则愈小，沥青就愈软。沥青的针入度是工程上选用沥青材料的主要指标。

（2）软化点。沥青是一种高分子非晶体物质，它没有明显的熔点，它从固态转变为液态，两者之间有很大的温度间隔，因此，选择在黏塑态时的一种条件温度为软化点。最常用的测验方法为"环球法"，它取固化点与液化点间温度间隔的 0.8721 倍用为软化点，即：

$$T_{R \sim B} = 0.8721(T_a - T) + T \qquad (7.1-1)$$

式中　$T_{R \sim B}$——沥青软化点（环球法），℃；

　　　T_a——液化点，℃；

　　　T——固化点，℃。

软化点是测定沥青材料达到规定条件黏度时的温度，即"等黏温度"。可以认为沥青软化点是"等黏温度"而沥青针入度则是"等温黏度"，都是沥青黏度的不同表示形式。

（3）延伸度。一般认为沥青的延伸度即表示沥青的塑性。所谓塑性就是指沥青在一定温度条件下，承受一定外力作用而产生的不可恢复的变形。其适应变形能力的大小，以延伸度表示，延伸度愈大，则塑性愈好。沥青延伸度也是工程上选用沥青材料的主要指标之一。

（4）溶解度。沥青溶解度是指试样在规定溶剂中可溶物的含量，以重量百分数表示。沥青中不溶于有机溶剂（苯、二硫化碳、四氯化碳和三氯乙烯等）的有害杂质含量过多，会降低其技术性能。

（5）密度。沥青材料的密度是指在 25℃下单位体积试样所具有的质量，以 ρ_{25} 表示。

7.1.2　矿质材料

矿质材料简称矿料，是沥青混凝土的主要组成部分，对沥青混凝土的性质有着重要的影响。矿料按功能分骨料、填料及掺料。骨料可分为粗骨料和细骨料。骨料在沥青混凝土中组成骨架结构，使沥青混凝土获得必要的强度以承受外水压力的作用。沥青混凝土的强度取决于其黏聚力和内摩擦力的大小。而摩擦力又取决于骨料的粒形、粒度、级配、颗粒的表面特性以及沥青的用量。

（1）粗骨料。粗骨料是指粒径大于 2.5mm 的矿料。粗骨料应满足坚硬、洁净、耐久等技术要求。粗骨料以采用碱性碎石为宜，当需用酸性碎石时，必须采取有效措施（如掺用消石灰、水泥等）改善与沥青的粘附性能，并应做充分的试验论证。粗骨料的最大粒径一般为 15～25mm，根据最大粒径分 2～3 级进行配料。

（2）细骨料。细骨料是指粒径在 0.074～2.5mm 之间的矿料。细骨料可以是碱性岩石加工的人工砂或天然砂，也可以是两者的混合。细骨料应满足坚硬、洁净、耐久和适当的颗粒级配等技术要求。

（3）填料。填料是指粒径小于 0.074mm，采用碱性岩石（石灰岩、白云岩等）磨细得到的盐粉，也可采用水泥、滑石粉等粉状矿质材料。

（4）掺料。为改善沥青混凝土的高温热稳定性或低温抗裂性，或提高沥青与矿料的黏结力，根据需要可在沥青中加入掺料。掺料的品种、掺量和沥青混凝土性能的改善程度需经试验确定。一般可根据需要掺加下列掺料：为提高沥青混凝土斜坡稳定性和弯曲强度，可掺入石棉；为提高沥青混凝土的水稳定性，可掺入消石灰（氧化钙含量应大于 65%）、水泥；为提高沥青混凝土变形能力，可掺入橡胶、塑料或其他高分子材料。

7.2 沥青混合料制备

7.2.1 沥青系统

（1）沥青的供应与储存。沥青有桶装、袋装和散装三种。水利水电工程多用桶装和袋装沥青。沥青场外运输及保管损耗率（包括一次装卸）可按 3% 计算，且每增加一次装卸按增加 1% 计算。

对于桶装沥青，不得横放或倒置，每桶重 200kg（桶重约 25kg）。

（2）沥青融化和脱水。对于桶装沥青或袋装沥青，目前多用热油加热法和蒸汽加热法进行熔化。现已有专门的以导热油为介质来熔化、脱水、加热沥青的联合装置。如天荒坪水利工程采用沥青熔化炉，其生产能力为 6.2t/h；三峡茅坪溪工程采用 JRHY5 型设备，生产能力为 5t/h。

对于沥青中残留的水分，须在熔化、加热过程中进行脱水。沥青脱水是和熔化、加热结合进行。沥青的脱水温度一般控制在 110～130℃。

（3）沥青加热与输送。沥青的加热温度和输送温度取决于沥青的针入度。针入度大则温度低，反之亦然。

沥青多采用自流或沥青泵经外部保温的双层管道输送，内管为沥青输送管，外管为导热油或蒸汽套管。

7.2.2 砂石料系统

（1）砂石料加工。符合质量要求的碱性块石石料和粒径大于骨料最大粒径 3 倍的天然卵石均宜破碎加工为沥青混凝土骨料。沥青砂石料系统加工工艺与普通混凝土加工工艺相近，这里不再赘述。

（2）砂石料堆存。砂石料的储存数量以满足 5d 以上的铺筑用量为宜（加工厂距沥青混合料拌和系统较远时，可适当增加储存量）。储存仓最好有防雨设施，使砂料的含水率不大于 4%。

（3）砂石料的加热。一般宜采用燃油内热式烘干机进行砂石料加热。烘干机干燥筒的倾角为 3°～6°，可通过实验确定。砂石料的加热温度可根据沥青混合料的出机口温度确定，一般为 170～190℃。

（4）填料系统。填料一般为从水泥厂购买的碱性岩石粉料和破碎石料回收的粉料。为防止填料受潮结块，影响沥青混凝土质量，填料一般应在防潮棚内或储存罐内存放。

填料一般不需加热，而是将干燥的填料在常温下加入拌和机，通过高温的砂石骨料与比表面积较大的填料干拌以迅速提高填料的温度。若填料需加热，需另设加热筒或在远红外加热廊道内进行，加热温度一般应控制在 60～80℃。

7.2.3 沥青混合料拌和系统

（1）沥青混合料拌和机。一般选用双轴强制式拌和机，其转速为 40～80r/min。拌和机额定生产能力主要取决于其容积，其关系见表 7.2-1。沥青混合料细料比例较大时，拌和时间需相应延长，生产率将降低。

目前国内生产的沥青混合料拌和机多适用于公路沥青混凝土生产，若将公路沥青混凝土拌和机用于生产水工沥青混凝土，根据工程经验，其生产能力约为额定生产率的 60%，因此，进行设备选型时应加以考虑。

表 7.2-1 　　　　　　　　　　　沥青混合料拌和机生产率表

拌和机容量/m³	500	750	1000	1500	2000
生产率/(t/h)	30～35	40～50	60～70	90～100	120～140

（2）拌和时间。沥青混合料拌和应先加入骨料、填料干拌约 15s，然后喷入沥青拌和 30～45s，以拌和均匀、不出现花白了为原则。每次纯拌和时间约为 45～60s，每一循环周期约为 55～75s。

（3）拌和温度。沥青混合料的拌和温度可在沥青运动黏度为 1 万～2 万 m^2/s 的温度范围内选定。不同针入度的沥青适宜的拌和温度见表 7.2-2。沥青混合料拌和温度的允许误差为 ±10℃，夏季取下限，冬季去上限，但最高温度不宜超过 190℃。

表 7.2-2 　　　　　　　　　　　不同针入度的沥青拌和温度表

针入度/(1/10mm)	40～60	60～80	80～100	100～120
拌和温度/℃	160～175	150～165	140～160	135～150

7.3　碾压式沥青混凝土心墙施工

7.3.1　沥青混凝土正常施工的气象条件

（1）沥青混凝土心墙施工的气象条件见表 7.3-1。

表 7.3-1 　　　　　　　　　　　沥青混凝土心墙施工的气象条件表

项目	日降雨量/mm			温度/℃		
	<0.1	0.1～10	>10	<5	5～15	>15
施工条件	正常施工	雨日停工，雨后照常施工	雨日停工，雨后停工 1 天	停工	风速大于四级停工，风速小于四级照常施工	照常施工

（2）沥青混凝土心墙不宜在夜间施工。

7.3.2　沥青混凝土心墙铺筑前的准备

沥青混凝土心墙混合料摊铺前应完成下列准备工作：

（1）与沥青混凝土相接的水泥混凝土基座和岸坡垫座应按设计要求施工完毕。

（2）水泥混凝土基座、岸坡垫座等表面上的浮皮、浮渣必须清除干净，使其表面保持平坦、粗糙、清洁、干燥。表面宜进行打毛处理，必要时采用稀盐酸清洗。

（3）为使沥青玛蹄脂与水泥混凝土表面结合紧密，可在表面涂刷热沥青、稀释沥青或阳离子乳化沥青等沥青涂料，用量约 0.15～0.2kg/m²。

（4）应完成沥青混凝土配合比试验和沥青混合料摊铺试验。

7.3.3　沥青混合料的运输

热拌沥青混合料一般采用四周及箱底设置有保温材料、箱顶设置有防雨盖的自卸汽车运输，再由装载机将混合料转卸至摊铺机受料斗。当沥青混合料拌和楼距摊铺作业面较近时，可采用经改装的装载机直接运输沥青混合料。

心墙两侧的过渡料由自卸汽车运输至摊铺作业面，再由装载机转运至摊铺机过渡料受料斗。

7.3.4 沥青混合料的摊铺

沥青混合料摊铺分为机械摊铺和人工摊铺。沥青混凝土心墙大部分采用专用的摊铺机摊铺，摊铺机摊铺不到位的部位（如心墙基座和与岸坡连接处的扩大头部）才采用人工摊铺。

目前国内尚无专用心墙沥青混凝土摊铺机成套设备，而是将国产或进口公路摊铺机加以改装用以摊铺沥青心墙混合料。摊铺机沿坝轴线方向将沥青混合料和心墙两侧过渡料同时摊铺，沥青混合料摊铺每层厚为23～25cm，由于过渡料和沥青混合料的压实性能不同，过渡料摊铺厚度稍大。摊铺机摊铺速度一般为1～3m/min。

对于心墙底部和两端扩大部分，沥青混合料采用人工摊铺，人工摊铺按立模、毡布护面、过渡料摊铺初碾、层面处理、沥青混合料摊铺、拆模、混合料和过渡料压实等施工工艺进行。

7.3.5 沥青混合料的压实

热沥青混合料最好选用带有初压装置的摊铺机进行初步压实。压实采用2台2～3t振动碾同时平行碾压心墙两侧过渡料，以提供心墙的横向支撑。随后用1台0.5～1.5t振动碾碾压心墙混合料。沥青混合料宜先静压2遍，再振动碾压4～6遍，最后再静压2遍。

沥青混合料的碾压温度可根据不同的混合料和现场施工条件经试铺确定。碾压温度一般为140～180℃，不超过185℃，并不低于120℃。

7.3.6 沥青心墙铺筑与坝体的施工顺序

沥青混凝土心墙应与坝体填筑均衡上升，心墙与两侧过渡料需同时铺筑。在施工期间，心墙与过渡料应在高于相邻坝体两层或低于坝体两层。当雨季或冬季等因素造成心墙停工时，心墙和两侧过渡料应高于相邻坝体1～2层。

7.4 碾压式沥青混凝土心墙冬季施工措施

根据《土石坝碾压式沥青混凝土防渗墙施工规范》（SD 220—87）的要求，当日平均气温在5℃以下的低温季节，沥青混合料不宜施工。但对于寒冷地区，根据施工进度要求，为增加沥青混合料的施工天数，采取适当冬季施工措施，在日平均环境温度−5～5℃仍能进行沥青混凝土的施工，碾压式沥青混凝土心墙冬季施工措施有：

（1）选择环境气温在5℃以上的时段进行沥青混凝土施工。

（2）加强施工管理，使各工序紧密衔接，做到及时拌和、运输、摊铺、碾压，尽量缩短作业时间。

（3）对运输设备和摊铺设备增加保温设施。

（4）严格沥青混合料的初碾和终碾温度，初碾温度一般控制在140～150℃，终碾温度不得低于130℃。

（5）为防止热量散失过快，沥青混合料摊铺后，立即覆盖篷布保温。

7.5 碾压式沥青心墙工程施工实例

7.5.1 茅坪溪沥青混凝土心墙工程施工

7.5.1.1 概述

茅坪溪沥青混凝土心墙堆石坝位于三峡大坝右岸上游，属一等一级永久建筑物。最大坝高 104m，坝顶轴线长 1840m，大坝为沥青混凝土心墙防渗体。沥青心墙墙体最大高度 94m，顶部轴线长 880m，墙厚 0.5～1.2m，扩大段最厚 3.0m。土石方填筑 1180 万 m^3，沥青混凝土 4.8 万 m^3。工程于 1994 年底开工，沥青混凝土心墙于 1997 年 7 月开始铺筑，于 2004 年竣工。

7.5.1.2 沥青混凝土原材料

沥青混凝土原材料主要由沥青、粗细骨料、矿粉组成。粗骨料按粒径范围分 20～10mm、10～5mm、5～2.5mm 三级；细骨料按粒径范围分 2.5～0.074mm，由 70％人工砂和 30％天然砂组成；矿粉为粒径小于 0.074mm 的石灰岩粉。

（1）沥青。沥青选用翼龙牌优质水工沥青，质量要求与重交通道路石油沥青 AH－70 基本相同。

（2）骨料。粗骨料采用王家坪料场石灰岩进行破碎加工，控制进场石灰岩块径小于 20cm，洁净无泥、无污染。骨料采用两级破碎生产，粗碎选用 1 台 PF－A1010 型反击式破碎机，细碎选用 1 台 PFL－1000 型复合式冲击破碎机，分选选用 2YKR1645 和 2ZKR1645 振动筛各 1 台。

人工砂由石灰岩进行破碎，选用 1 台 2HM400 型棒磨机和 2 台 CB1800B 型分选机加工生产；天然砂由长江天然河砂经筛分获得。

（3）矿粉。矿粉为石灰岩生产的人工砂经棒磨机磨细后分选获得。

7.5.1.3 沥青混合料生产

（1）沥青混凝土技术性能指标。碾压式心墙沥青混凝土技术性能指标见表 7.5－1。

表 7.5－1　　　　　　碾压式心墙沥青混凝土技术性能指标表

项目	密度	孔隙率	渗透系数	渗透破坏比降	马歇尔稳定性	马歇尔流值	水稳定系数
单位	g/cm³	％	cm/s		60℃，N	1/100，cm	
指标	≈2.4	<2	≤1×10⁻⁷	>300	>5000	30～110	≥0.85

（2）配合比。根据心墙沥青混凝土施工分期及技术指标要求，通过实验确定心墙沥青混凝土配合比见表 7.5－2。

表 7.5－2　　　　　　心墙碾压式沥青混凝土配合比表

工程分期	配比参数				矿料重量百分比/％		
	级配指数 r	最大骨料 D_{max}/mm	填充料 F/％	沥青含量 B/％	粗骨料 20～2.5mm	细骨料 2.5～0.074mm	填充料 ≤0.074mm
一期	0.25～0.4	20	12	6.3～6.5	56	32	12
二期	0.35～0.4	20	12	6.3～6.5	53	35	12

（3）沥青混合料制备。

1）集料初配及干燥加热。堆存于净料堆场和储罐的集料，用胶带机或链式输送机分别输送至各级配料仓备用。各级集料分别采用电振给料器进行初配，用胶带机混合输送至干燥加热筒。冷集料均匀连续地进入干燥加热筒加热，加热温度控制为170～190℃。经过干燥加热的混合集料，用热料提升机提升至拌和楼顶进行二次筛分。热料经过筛分分级，按粒径尺寸贮存在热料斗内，供配料使用。

2）沥青熔化、脱水、加热与恒温、输送。沥青拆包后，通过液压自动翻转装置送进JRHY5型沥青熔化、脱水、加热联合装置，以导热油为介质来加热熔化，确保加热均匀，防止沥青老化。沥青脱水温度控制在110～130℃，配有打泡和脱水装置，使水分气化溢出，防止热沥青溢沸。

沥青加热至规定温度后输送至恒温罐贮存使用，恒温时间不超过6h，以防沥青老化。沥青从恒温罐至拌和楼采用外部保温的双层管道输送，内管与外管间通导热油，避免沥青在输送过程中凝固堵塞管道。

3）沥青混合料的拌制。根据试验选定的配合比，确定拌和每盘沥青混合料的各种材料用量。各种矿料和沥青按重量配料，矿料以干燥状态为标准，骨料采用累计计量，粉料和沥青分别单独计量。

沥青混合料拌和采用LB1000型沥青混凝土拌和楼。拌制沥青混合料时，先投集料和矿粉干拌，再喷洒沥青湿拌，干拌时间约10～15s，湿拌时间为45～60s。拌和好的沥青混合料卸入受料斗，经卷扬机提升滑轨提升到拌和楼沥青混合料成品料仓（保温储罐）储存。在拌和楼停机前，用热矿料拌和清理拌和机并清理干净。当因机械故障或其他原因停机超过30min时，将拌和机内的沥青混合料放出，并用热料拌和清理，防止沥青混合料凝固在拌和机内。拌和楼配置自动记录设备，在拌和过程中可逐盘打印沥青及各种矿料的用量和拌和温度。

拌制沥青混凝土时要注意热骨料的加热温度不得低于170℃，沥青温度不低于150℃，沥青混凝土出机口温度不得低于160℃。

4）沥青混合料的储存和保温。沥青混合料采用保温储罐贮存，贮存量为85m³。储罐采用电加热方式加热，矿棉层保温。

7.5.1.4 心墙碾压式沥青混凝土施工

（1）心墙沥青混合料运输。沥青混凝土的运输采用带保温车厢8t平头柴油自卸车运至工地卸料平台卸入CAT980C装载机改装的保温料斗中（4m³），再由该装载机将沥青混凝土直接入仓（人工摊铺）或卸入专用摊铺机沥青混凝土料斗中（机械摊铺）。

（2）心墙沥青混合料摊铺。碾压式沥青混凝土心墙摊铺分为人工摊铺和机械摊铺段，与翼墙岸坡接触段及心墙底部高3.0m扩大段部位采用人工摊铺，其余部分心墙采用机械摊铺。

机械摊铺的工艺流程如下：测量放线→结合面清理→固定金属丝→沥青混凝土、过渡料分别装入专用摊铺机的前后料斗→专用摊铺机摊铺→过渡料的补填。摊铺机摊铺沥青混凝土前，用0.7mm的细钢丝定位，通过驾驶室里的显示屏可使摊铺机准确地跟细钢丝前进。设在摊铺机前部的燃气式红外加热器，可以加热下1层沥青混凝土的表面。沥青混凝土和过渡料同时摊铺，摊铺速度为 $2\sim3m/min$。由于摊铺机的总摊铺宽度只有 3.5m，故在摊铺机控制范围外的过渡料由 EX-200 型反铲补填后人工进行整平。

人工摊铺的工艺流程如下：测量放样→支立钢模→毡布护面→过渡料摊铺→心墙表面清理与加热→沥青混凝土的摊铺与整平→抽掉钢模。钢模采用长×高×厚＝2000mm×250mm×8mm 的钢板加工而成，相邻两钢模对缝连接，钢模用可调节钢管卡具固定。钢模两侧的过渡料用日立 EX-200 型反铲供料并扒平，而后人工整平。过渡料摊铺前用彩条布覆盖仓面以防污染。仓面加热是利用摊铺机上的红外线加热器改装的加热装置进行加热的。加热时间为 1min 左右，以使沥青混凝土表面达到 70℃以上。

（3）心墙沥青混合料碾压。心墙沥青混合料碾压采用 BW90AD 和 BW90AD-2 型振动碾各 1 台。1 台碾压，1 台备用。心墙两侧过渡料碾压采用 BW120AD-3 型振动碾 2 台同时进行碾压。振动碾行走速度控制为 $25\sim30m/min$。各振动碾技术指标见表 7.5-3。

表 7.5-3　　　　　　　　沥青混凝土心墙碾压用振动碾技术指标表

振动碾型号 技术指标	BW120AD-3	BW90AD	BW90AD-2
额定功率/kW	19.5	10	11.9
额定转速/(r/min)	2500/3000	3000	3000
振动频率/Hz	55/66	48	60
振动振幅/mm	0.53	0.49	0.5
振动力/kN	10.9		15

碾压工艺如下：过渡料先静碾 1 遍，动碾 2 遍→沥青混凝土静碾 2 遍，动碾 8 遍→过渡料离开心墙 10cm 外动碾 2 遍→过渡料贴心墙边静碾 1 遍→沥青混凝土静碾 2 遍收光。

沥青混凝土碾压温度控制在 $140\sim160℃$ 之间。

（4）沥青混凝土心墙施工主要机械设备。沥青混凝土心墙施工主要机械设备见表 7.5-4。

表 7.5-4　　　　　　　茅坪溪沥青混凝土心墙施工主要机械设备表

序号	名　称	型号及规格	单位	数量	用　途
1	沥青混凝土拌和楼	LB1000 型	座	1	沥青混合料拌制
2	沥青混凝土摊铺机	DF-130C 型	台	1	沥青混合料摊铺
3	振动碾	BW120AD，2.7t	台	3	沥青心墙碾压
4	振动碾	BW90AD，1.5t	台	2	过渡料碾压
5	沥青保温车	EQ3141GJ，8t	辆	4	沥青混合料运输
6	装载机	CAT980C 型，2.5m³	台·	1	沥青混合料转运
7	反铲挖掘机	EX-200，1.0m³	台	1	过渡料转运

7.5.2　尼尔基水利枢纽沥青混凝土心墙施工

7.5.2.1　概述

尼尔基水利枢纽位于黑龙江省与内蒙古自治区交界的嫩江干流中游，控制流域面积 6.64 万 km^2。属大型 I 级建筑物，最大坝高 41.5m，心墙轴线长 1360m。心墙底部采用圆弧扩大基础与混凝土基础防渗墙连接，心墙下部厚 0.7m，上部厚 0.5m。心墙两侧设有

3.0m 宽的砂砾石过渡带,并在下游过渡带后设置 3.0m 宽竖向堆石排水,碾压沥青混凝土 2.69 万 m³。

坝址区多年平均降水量 475mm,7 月、8 月雨量集中;多年平均气温 1.5℃,极端最高气温 39.5℃、最低气温 −40℃;四季风沙较大,平均风 4～5 级,每年可正常施工的时间较短。

7.5.2.2 沥青混凝土原材料

沥青混凝土原材料主要由沥青、粗细骨料、矿粉组成。粗骨料按粒径范围分 20～15mm、15～10mm、10～5mm、5～2.5mm 四级;细骨料按粒径范围分 2.5～0.074mm;矿粉为粒径小于 0.074mm 的石灰岩粉。

(1) 沥青。沥青选用桶装盘锦产欢喜岭 90 号交通中道路沥青。

(2) 骨料。粗骨料采用库区阿荣旗矿和长发矿新鲜碱性石灰岩破碎加工,控制进场石灰岩块径小于 20cm,洁净无泥、无污染。细骨料采用人工砂。骨料采用两级破碎生产,初碎选用 1 台 PF－A1010 型反击式破碎机,细碎选用 1 台 PFL－1000 型复合式冲击破碎机,分选选用 2YKR1645 和 2ZKR1645 振动筛各 1 台。

骨料由粗骨料和制砂两套加工系统组成。粗骨料加工系统由 1 台 PE400×600 型颚式破碎机、1 台 PF1007 型反击式破碎机、1 台套 1060 型五层振动筛等组成;细骨料加工系统由 1 台 PE400×600 型颚式破碎机、1 台 PC64 型锤式破碎机、1 台套 1060 型五层振动筛等组成。设计高峰加工能力为 520t/d,平均加工能力为 490t/d。

(3) 矿粉。矿粉采用阿城产的水泥生料。

7.5.2.3 沥青混合料生产

根据施工进度计划要求,沥青混凝土施工高峰期最大月施工层数为 22 层,要求设备生产能力为 192m³/d。沥青混合料拌和设备选用吉林省公路机械厂的 LJ80 型沥青混合料拌和楼,并对其进行改造,以适应工程气候、环境及混合料技术指标的特殊要求。该拌和楼额定生产能力为 60～80t/h,施工中实际生产能力为 65t/h。

(1) 沥青混凝土性能指标。心墙碾压式沥青混凝土性能指标见表 7.5－5。

表 7.5－5　　　　　　　心墙碾压式沥青混凝土技术性能指标表

项目	密度	孔隙率	渗透系数	渗透破坏比降	马歇尔稳定性	马歇尔流值	水稳定系数
单位	g/cm³	%	cm/s		60℃,N	1/100,cm	
指标	≥2.39	<3	≤1×10⁻⁷	>300	>5000	30～110	≥0.85

(2) 沥青混合料配合比。根据心墙沥青混凝土技术指标要求,通过实验确定心墙沥青混凝土配合比见表 7.5－6。

表 7.5－6　　　　　　　心墙碾压式沥青混凝土配合比表

料场名称	不同筛孔尺寸的骨料/cm					矿粉	沥青
	粗骨料				细骨料		
	20～15	15～10	10～5	5～2.5	2.5～0.074	<0.074	
长发	10.0	14.0	17.6	14.4	31.7	12.3	6.5
阿荣旗	9.2	13.8	21	20.1	24.8	11.1	6.5

（3）沥青混合料制备。

1）骨料干燥加热。冷骨料均匀连续地进入干燥加热筒加热，骨料的加热温度根据沥青混合料要求的出机口温度控制，一般控制为 170～190℃。拌和时，骨料最高温度不超过沥青温度 20℃，经过干燥加热的混合骨料，用热料提升机提升至拌和楼顶进行二次筛分。热料经过筛分分级，按粒径尺寸储存在热料仓内，供配料使用。

2）沥青熔化、脱水、加热与恒温、输送。沥青拆包后，送沥青脱水装置进行熔化、脱水，以导热油为介质来加热熔化。沥青脱水温度控制在 110～130℃左右，使水分汽化溢出，沥青含水量应低于 2%。沥青熔化、脱水一定时间后，继续加热至 150～170℃后输送至恒温罐储存使用，沥青恒温温度控制在 150～170℃，一般不超过 180℃，恒温时间不宜超过 6h。沥青从恒温罐至拌和楼采用外部保温的双管道输送，内管与外管间通导热油，避免沥青在输送过程中凝固堵塞管道。

3）矿粉料的贮存与输送。袋装矿粉经拆包后由斗提升机上料至粉料罐贮存，经螺旋输送机送入粉料称量斗中。

4）沥青混合料的拌制。根据试验选定的配合比，确定拌和每盘沥青混合料的各种材料用量。各种矿料和沥青按重量配料，矿料以干燥状态为标准，骨料采用累计计量，粉料和沥青分别单独计量。

拌制沥青混合料时，先投骨料和矿粉干拌，再喷洒沥青湿拌，干拌时间约 25s，湿拌时间约 60s。拌出的沥青混合料确保色泽均匀、稀稠一致，无花白料、黄烟及其他异常现象，卸料时不产生离析，沥青温度控制在 150～170℃之间，骨料温度控制在 170～190℃之间，严格控制上限温度。出机口温度宜确保其经过运输、摊铺等热量损失后的温度能满足沥青混凝土上坝碾压温度要求，一般为 150～180℃，拌和好的沥青混合料先卸入受料斗，经卷扬机提升到拌和楼沥青混合料成品料仓（保温储罐）储存。

5）沥青混合料的储存和保温。沥青混合料采用保温储罐储存，储存量为 80m³。沥青混合料保温按 24h 温度降低不超过 1℃，沥青混合料储罐采用电加热方式加热，储罐保温采用矿棉层保温。

7.5.2.4 心墙碾压式沥青混凝土施工

（1）心墙沥青混合料运输。沥青混合料采用 8t 自卸汽车水平运输至施工部位，卸入经改装的 ZL50 轮式装载机将沥青混合料卸入摊铺机沥青混合料料斗；人工摊铺用改装的 ZL50 轮式装载机直接将沥青混合料卸入模板内，人工摊平。控制运输过程中沥青混合料平均温度损失不超过 5℃。

（2）心墙沥青混合料摊铺。碾压式沥青混凝土心墙摊铺分为人工摊铺和机械摊铺。与翼墙岸坡接触段及心墙底部 1.5m 高扩大段水平宽度大于 0.7m 部位采用人工摊铺，其余部分心墙采用机械摊铺。

沥青混凝土心墙摊铺前对底部的混凝土底座、翼墙进行处理。水泥混凝土表面采用人工用钢丝刷将水泥表面乳皮刷净，用 0.6MPa 左右高压风吹干，局部潮湿部位用喷灯烘干。处理完后涂刷冷底子油，冷底子油配合比为沥青：汽油为 3：7。刷完 12h 后待冷底子油中汽油挥发后，进行厚 2cm 砂质沥青玛蹄脂涂刷，现场拌制，人工供料和摊铺，厚度要均匀，摊铺前底层次冷底子油要加热到 70℃。料温保持 130～150℃。陡坡部分自上面下涂抹，要拍打振实，必要时待温度降至 120～130℃ 再抹一次使之与底层粘结牢固。

机械摊铺采用 1 台 WALO 公司生产的第三代 CF-1718 型沥青混凝土心墙专用摊铺机施工，该摊铺机可同时进行沥青混合料和过渡料的摊铺，摊铺机行走速度控制为 2～3m/min，采用水平分层，全轴线不分段一次摊铺碾压的方法施工，摊铺厚度小于 25cm，压实厚控制在 20±2cm。过渡料在摊铺机控制范围以外的，采用反铲配合摊铺。心墙铺筑时连续、均匀地进行。

人工摊铺采用方便拆装的沥青混凝土专用模板，模板架设方便牢固，相邻钢模接缝严密，定位后的钢模距心墙中心线的偏差不大于 5cm；钢模定位后，经检查合格，方可填筑两侧过渡料；过渡料压实后，再将沥青混合料填入钢模铺平，在沥青混合料碾压前将钢模拔出，并及时将表面黏附物清除干净。人工摊铺时，卸料要均匀，以减少工人劳动强度。平仓时，不要用铁锹将沥青混合料抛洒，必须用锹端着料倒扣入仓面，再用铁耙子将沥青混合料摊平，以避免拌和好的沥青混合料分离。

（3）心墙沥青混合料碾压。根据心墙不同的宽度，采用德国 BOWAG 公司生产的 BW120AD-3 型双轮振动碾和瑞士阿曼公司 R66 型振动碾错位碾压，能满足沥青混凝土心墙的压实要求。碾压温度控制为 140～150℃，先静碾 2 遍，再振碾 6 遍，最后静碾 2 遍压平至光亮。振动碾行走速度控制在 25～30m/min。与岸坡结合部位及振动碾碾压不到的部位，采用小型振动夯夯实。

（4）沥青混凝土接缝及层面处理。为保证施工后沥青混凝土心墙不因接缝缺陷原因产生渗透通道，应对接缝处予以重视，采取正确的施工方案。对工程中存在的各种接缝采取以下措施：与沥青混凝土相接的常态混凝土表面采用钢丝刷将水泥表面的浮浆、乳皮、废渣及黏着污物等全部清理干净，用 0.6MPa 左右高压风吹干，局部潮湿部位烘干，保证混凝土表面干净和干燥。铺筑沥青混合料时，沥青玛琋脂表面必须保持清洁。

沥青混凝土心墙尽量保证全线均衡上升，保证同一高程施工，减少横缝，当必须出现横缝时，其结合坡度做成缓于 1:3 的斜坡，且上下层横缝位置错开 2m 以上。对于连续上升、层面干净且已压实的沥青混凝土，表面温度大于 70℃，沥青混凝土层面不作处理，连续上升；当下层沥青混凝土表面温度低于 70℃，采用红外加热器加热，加热时，控制加热时间以防沥青混凝土老化。

（5）沥青混凝土心墙施工主要机械设备。沥青混凝土心墙施工主要机械设备见表 7.5-7。

表 7.5-7　　　　　　　尼尔基沥青混凝土心墙施工主要机械设备表

序号	名称	型号及规格	单位	数量	用途
1	沥青混凝土拌和楼	LJ-80 型	座	1	沥青混合料拌制
2	沥青混凝土摊铺机	CF1718 型	台	1	沥青混合料摊铺
3	振动碾	1.5t 双钢轮	台	2	沥青心墙碾压
4	振动碾	120A-2.7t	台	2	过渡料碾压
5	平板振动器	5020 型	台	3	沥青心墙碾压
6	自卸汽车	8t	辆	4	沥青混合料运输
7	装载机	ZL50 型	台	1	沥青混合料转运
8	装载机	4.2m³	台	1	过渡料转运

7.5.3 冶勒水电站沥青混凝土心墙施工

7.5.3.1 概述

冶勒水电站沥青混凝土心墙堆石坝为南桠河流域的龙头水库拦河坝，坝高 125.5m，坝顶高程 2654.5m，其中沥青混凝土心墙高度 125m，在国内外同类工程中属领先地位。沥青混凝土心墙顶高程 2654.00m，心墙最大高度 121.0m，顶部轴线长 411.0m，顶部厚度为 60cm，向下逐渐加宽至底部厚度为 120cm。沥青混凝土心墙与水泥混凝土防渗墙相连的基座大放脚高 1.8m，底宽 2.28m。沥青混凝土防渗心墙 3.3 万 m³。

冶勒工程所处地势较高，南桠河流域内平均海拔 3670.00m，低温多雨，坝区年平均气温 6.5℃，最高气温为 27.5℃，极端最低气温－19.5℃，最低月平均气温－2.0℃，全年无夏季，冬季长达 6～7 个月，最大风速 10m/s，年平均降雨量 1830.9mm，5～10 月为雨季，每年降雨近 215d，年平均相对湿度在 86% 以上。受降雨及冰雪限制，冶勒大坝沥青混凝土心墙年平均有效施工天数 220d，日平均铺筑 130m³。

7.5.3.2 沥青混凝土原材料

沥青混凝土原材料主要由沥青、粗细骨料、矿粉组成。粗骨料按粒径范围分 20～10mm、10～5mm、5～2.5mm 三级；细骨料按粒径范围分 2.5～0.074mm，由 70% 人工砂和 30% 天然砂组成；矿粉为粒径小于 0.074mm 的石灰岩粉。

（1）沥青。沥青选用新疆克拉玛依石化公司生产的水工 70 号沥青，克拉玛依水工沥青的主要优点是与骨料的附着力强，适用于冶勒地区的中性骨料。

（2）骨料。骨料选用石英闪长岩加工，骨料加工分为中碎与细碎，中碎采用功率为 155kW 的强力反击破碎机，设计生产能力为 187t/h；细碎采用功率为 90kW 的立式复合破碎机，设计生产能力为 45～70t/h。骨料筛分能力为 200t/h，净料场、毛料场的储存量能够满足高峰期 7d 的生产需求量。储存量均为 1200m³。

（3）填料。填料选用当地水泥厂生产的石灰岩粉。

7.5.3.3 沥青混合料生产

（1）沥青混凝土性能指标。心墙碾压式沥青混凝土性能指标见表 7.5-8。

表 7.5-8 心墙碾压式沥青混凝土技术性能指标表

项目	密度	孔隙率	渗透系数	渗透破坏比降	马歇尔稳定性	马歇尔流值	水稳定系数
单位	g/cm³	%	cm/s		60℃，N	1/100，cm	
指标	＞2.37	＜2	≤1×10⁻⁷				

（2）配合比。根据心墙沥青混凝土技术指标要求，通过实验确定心墙碾压式沥青混凝土配合比见表 7.5-9。

表 7.5-9 心墙碾压式沥青混凝土配合比表

配 比 参 数				矿料重量百分比/%			
级配指数 r	最大骨料	填充料	沥青含量	粗骨料	细骨料		填充料
	D_{max}/mm	F/%	B/%	20～2.5mm	2.5～0.074mm		≤0.074mm
0.38	20	13	6.7	54.00	23（人工砂）	10（天然砂）	13

（3）沥青混合料制备。选择 NF-1300 型拌和楼制备沥青心墙混凝土，该拌和楼的骨料配料系统采用 4 个容量分别为 9m³ 的贮料仓干燥筒，其干燥能力为 100t/h，最大耗油量 840L/h；筛分机分为 4 层，振幅 9mm，外形尺寸 3700mm×1550mm×1900mm；热料仓分 4 个间隔仓，总容量 30t；计量系统：骨料采用累计计量方式；精度±5%；容量 1300kg；沥青量斗的容量为 150kg，精度±0.3%；矿粉料斗容量 150kg，精度±0.5%。拌和器为强制式，拌和能力为每批次 1000～1300kg，电机功率 45kW。沥青混凝土拌和系统生产工艺参数见表 7.5-10。

为保证沥青混合料的生产能力能够满足施工强度要求，减少骨料的含水量，在沥青混合料拌和厂修建了骨料半成品料仓和矿粉仓库，并对骨料半成品料仓搭建了防雨篷。对拌和楼也设置了防雨和保温措施，如各种皮带运输机、混合料运输小车的轨道上方、混合料成品料罐和拌和机主楼等部位搭建不锈钢瓦防雨篷。贮料仓、拌和机、混合料运输小车均设置了保温夹层。拌和楼的实际生产能力达到了 50t/h，基本能满足冶勒水电工程 45t/h 的施工强度需求。

表 7.5-10   冶勒沥青混凝土拌和系统生产工艺参数表

控 制 项 目	工 艺 参 数
沥青控制温度/℃	160～165
骨料加热温度/℃	190～200（冬季）
	180～190（雨季）
干拌时间/s	15
湿拌时间/s	45
拌和楼预热时间/min	30
清洗时间/min	30
混合料控制温度/℃	170～175（冬季）
	160～171（雨季）

7.5.3.4 心墙碾压式沥青混凝土施工

（1）施工时段。根据《土石坝碾压式沥青混凝土防渗墙施工规范》的规定，当日平均气温在 5℃ 以下时，属低温季节，沥青混合料不宜施工；气温虽在 5～15℃，但风速大于四级时，亦不宜施工；当日降雨量大于 5mm 时，沥青混合料不宜施工。按此规定要求，沥青混凝土心墙正常施工天数仅为 109d，施工期每年冬季 12 月至次年 2 月需停工。根据国内外类似工程沥青混凝土心墙施工经验和实践，结合现场试验，考虑采用进口沥青混合料摊铺机和采取适当的保温、防雨措施，在冬、雨季有条件地进行施工。考虑利用低温、雨季进行施工，沥青混凝土心墙施工有效天数可达 235d。低温和雨季停工标准定为：

当日平均气温在 0～5℃ 时，施工按每天一班（6h）考虑。

当日降雨量在 5～30mm 时，施工按每天一班（6h）考虑。

其他标准按《土石坝碾压式沥青混凝土防渗墙施工规范》的规定。

（2）心墙沥青混合料运输。沥青混凝土运输采用 5t 自卸车，自卸车四周及箱底都设置有保温材料，并增设防雨盖，防雨盖（利用自卸车的油压系统）可以自动关闭和开启。

沥青混合料是通过装载机由自卸车转运至沥青混凝土摊铺机料斗中，装载机料斗的四周添加了保温材料，并增设了卸料口和进料口。进料口和卸料口可自动控制进料和卸料。

（3）心墙沥青混合料摊铺。碾压式沥青混凝土心墙摊铺分为人工摊铺和机械摊铺，与翼墙岸坡接触段及心墙底部扩大段水平宽度大于 1.2m 部位采用人工摊铺，其余部分心墙采用机械摊铺。

机械摊铺采用 1 台经改装的德国 DEMAG DF135C 型公路沥青混凝土心摊铺机施工，该摊铺机可同时进行沥青混合料和过渡料的摊铺，摊铺机行走速度控制为 2～3m/min，铺筑能力 45t/h，采用水平分层，全轴线不分段一次摊铺碾压的方法施工，摊铺厚度小于30cm。过渡料在摊铺机控制范围以外的，采用反铲配合摊铺。过渡料使用反铲摊铺，辅助人工整平与心墙同步施工。心墙铺筑时连续、均匀地进行。

人工摊铺采用方便拆装的沥青混凝土专用模板，钢模定位后，经检查合格，方可填筑两侧过渡料；过渡料压实后，再将沥青混合料填入钢模铺平，在沥青混合料碾压前将钢模拔出，并及时将表面黏附物清除干净。

（4）心墙沥青混合料碾压。沥青混凝土心墙采用德国 BOWAG 公司生产的 BW－90型振动碾错位碾压，能满足沥青混凝土心墙的压实要求。碾压温度控制为 130～155℃，先静碾 1 遍，再振碾 8 遍，最后静碾 2 遍压平至光亮；心墙两侧过渡料采用 BW－120 型振动碾碾压。振动碾行走速度控制在 25～30m/min。与岸坡结合部位及振动碾碾压不到的部位，采用小型振动夯夯实。

（5）冶勒沥青心墙铺筑试验成果。

1）沥青混合料入仓后的温度损失情况。沥青混合料入仓后，其降温速率受环境影响较大，根据环境温度、风速的不同，其降温速度均不相同。在试验过程中的测试结果如下：当气温 12℃时，每 30min 沥青混合料内部温度降低 8℃；当气温 0℃时，每 30min 沥青混合料内部温度降低 10℃。

2）冬季铺筑试验成果：① 在 5℃以下、0℃以上完全可以施工，但应随时检测沥青混合料表面温度。初碾温度应控制在 140～150℃ 范围内。② 应严格控制终碾温度，终碾温度不得小于 130℃。碾压后任何机械和人员不得在沥青心墙上行走，否则会造成表面裂缝，不利于沥青混凝土心墙的层间结合。③ 低温情况下，若表面温度降温过快，应采用篷布覆盖等措施，以延缓温度损失，提高表面光洁度。④ 碾压遍数采用静 1＋动 8＋静 2工艺能满足质量要求。

3）每日多层连续铺筑。每日多层连续铺筑主要存在的问题是：下层沥青混凝土温度较高，混凝土质地较软，在上层施工过程中，由于基础较软，降低了震动碾压的性能，致使上层沥青混凝土孔隙率难以满足规范要求。在施工高峰期，冶勒水电站沥青混凝土心墙大坝轴线长度约为 400m，按 2～2.5m/min 速度计算，每层铺筑时间约需 2h。由于沥青混凝土降温较慢，制约了沥青混凝土连续铺筑，通过现场试验，得出下列结论：

① 沥青混凝土在环境温度 24℃时，平均每小时温度能降低 10℃；环境温度愈高，下降愈慢。

② 在连续摊铺过程中，底层沥青混凝土温度在 90℃时进行连续摊铺，沥青混凝土孔隙率可控制在 3％以内。

③ 每层之间间隔 4h 即可进行上层铺筑。

由以上结论可见，在冶勒水电站完全可以进行每日 2～3 层连续铺筑施工。

（6）沥青混凝土心墙施工主要机械设备。沥青混凝土心墙施工主要机械设备见表 7.5 -11。

表 7.5 - 11 沥青混凝土心墙施工主要机械设备表

序号	名 称	型号及规格	单位	数量	用 途
1	沥青混凝土拌和楼	NF - 1300 型	座	1	沥青混合料拌制
2	沥青混凝土摊铺机	DF135C 型	台	1	沥青混合料摊铺
3	振动碾	BW90 型	台	2	沥青心墙碾压
4	振动碾	BW120 型	台	2	过渡料碾压
5	自卸汽车	8t	辆	4	沥青混合料运输
6	装载机		台	1	沥青混合料转运

8 结论和建议

8.1 南水北调西线工程堆石料开采的施工组织

南水北调西线工程堆石坝堆石料爆破开采，在时间上分暖季和寒季两个阶段，两个阶段的开采方式及爆破方式、方法与非高寒地区堆石坝石料开采方式、方法无大的区别，只是必须结合当地石料场的岩石地质条件，按照石料级配要求进行必要的爆破试验。由于冬季坝体采用薄层碾压，石料粒径相对减小，炸药单耗随之增高。

作为高寒地区的堆石坝，搞好坝体填筑与石料开采的挖、填平衡，做好施工组织，搞好施工调度是十分必要和行之有效的。通过以往高寒地区的工程实践，可在施工组织上采取以下措施。

（1）调整施工进度，搞好暖季施工。无论是从施工机械效率、施工组织布置方面，还是从施工安全方面，暖季施工较寒季施工都是有利的。因此，在施工进度和强度允许、施工程序可能的条件下，充分利用暖季，减少或避免寒季施工，是高寒地区堆石坝施工中经常采取的措施。

（2）利用暖季备料，减少冬季开挖。施工进度要求必须进行冬季施工时，也可以利用暖季备料，减少冬季的岩石开采爆破。对于高寒地区，由于冬季的寒冷低温，岩石钻孔效率很低，造成施工成本大幅度增加，施工效果极其不好。故利用暖季加大开采强度，储存一定数量的石料是减少冬季施工困难的有效途径。

（3）搞好设备养护，保证设备完好。为了搞好冬季的石料开采，搞好开采设备的养护、保证设备完好是十分必要的。为此，在开采场附近应建有较为完善的设备保养场，包括修理厂、存放库等。这些厂、库均应有良好的供暖设施，保证设备在适宜温度下存放。可能的情况下，钻孔场地也应有取暖措施，以保证机械能够在－10℃左右的气候条件下作业。

（4）提高施工人员的生产意识、勤观察，及时消除对施工不利的各种因素。

8.2 堆石料开采推荐的爆破参数

根据南水北调西线工程的自然条件及气候特点，建议采用深孔梯段微差挤压爆破方法开采坝体堆石料。

在实际施工过程中可通过耦合装药，适当增加单位耗药量和合理选用钻爆参数以改善爆破石料级配，采用"自封堵"，即在炮孔堵塞段内装入少量炸药可以有效降低爆破岩体顶层大块率，深浅孔结合布孔方式可以大大提高爆破料细料的含量。提高深孔梯段爆破质量除采用多段微差爆破以外，还有下列几项措施。

（1）合理的装药结构。在采用垂直深孔爆破时，从梯段各部位的破碎程度看，上部岩石破碎的一个主要原因是重力坍落，所以容易形成大块。为了降低大块率，需力求炸药能量在炮孔中均匀分布。采取的措施：一是间隔装药，也称分段装药。即将孔中炸药分成数段，中间用炮泥或空气隔开，以免药包集中。在梯段高度 $H \leqslant 20m$ 的条件下，一般分为 2~3 段间隔。孔底为全孔药量的 50%~70%、上部为 50%~30%。空气间隔长度与药包长度之比为 0.17~0.4（硬岩取大值，软岩取小值）。爆破后可使大块率由 20% 降为 5%，后冲破坏作用力小，并可降低爆堆高度。二是采用混合装药。在操作安全有保证时，于炮孔底部装高密度、高威力的炸药，在上部装入普通硝铵炸药，以适应岩石阻力下大上小的规律，并减少超深。

（2）采用斜孔爆破。它具有明显的优越性，因为自上而下的最小抵抗线都能保持一致，炸药分布均匀，可以使爆堆均匀、振动降低、后冲破坏影响小。

（3）在主爆孔之间增加辅助炮孔。辅助炮孔深度约等于主爆孔堵塞长度，可明显减少大块石，主爆孔与辅助炮孔装药之和应等于所爆岩体的需用药量。

（4）严格掌握超钻深度。即钻孔深度应考虑孔底沉粉厚度。

（5）采用大孔距爆破技术。开挖场地面积大，采用大孔距爆破技术，可收到降低大块率的良好效果。

8.3 南水北调西线工程推荐采用的工作时间及机械效率系数

8.3.1 推荐采用的人工效率

南水北调西线工程区平均海拔 3500.00m 左右，并非生命禁区，工程区附近有阿坝、壤塘、斑玛、色达等多个县城，还有当地的游牧民族。但对于经常在低海拔施工的建设者们来说，对人体机能还有一定的影响，所以，要坚持"以人为本"，保证参建人员健康生活、正常作业、能"上得去，站得稳，干得好"是建设单位的共同目标。为此，在落实"以人为本"的基础上，坚持"兵马未动，保障先行"，遵循高原生理规律，制定相应的合理措施，确保人员身体健康，实现工作效率的目标，采用由低到高的适应性训练，限制作业时间和劳动强度，根据工程所在地的条件，采取相应的工作班组安排，增加作业班次，缩短每班工作时间，每班工作不超过 6h，作业班组采用四班制，增加备用工人，进行轮流换班作业，安排合理的劳动强度，保证人员体力能得到较快的恢复。施工人员实行年度回内地轮休制度。建立设施齐全的医疗保障体系，适当修建大型高原医用制氧站；同时提高机械化施工程度，尽量减少施工人员数量，对工期要求不十分紧的项目，严寒月份可采用停工的措施。建议南水北调西线工程人工效率系数按 75% 考虑。

8.3.2 推荐采用的机械效率

（1）通过重点工程项目的建设拉动内需，是中央推动国民经济全面发展的战略思路。西线工程施工机械设备的选型，首先应立足于国内。

（2）为满足工程施工需要，一些特殊的、我国无型可选的重大装备可考虑进口，但应向外方提出明确的使用环境条件，并具备相应的合同条款，是必要的。

（3）优选、配套经过海拔 3500m 以上实地检测的性能优良、可靠的功率恢复型增压柴油机。配置优良的低温起动装置和低温电瓶，并对电瓶进行保温防护。解决好驾驶室的保温、采暖、除霜、紫外线防护及新鲜空气交换性能。有条件的产品应考虑对外露的橡胶管件进行紫外线防护，并提高耐压等级。合理规范的使用各种润滑油、燃油、油脂及防冻和起动液。机械设备的各系统要尽可能提高免维护率，降低保养维修难度。

（4）鉴于南水北调西线工程施工的特殊环境，具有海拔高、气温低、土石方工程量大、工期紧、机械化程度要求高的施工特点，新上场的机械设备80％应为新购设备。为了维修保养方便，减少配件库存，降低机械设备的修理难度，对所有设备要统一选型、集中招标，尽量减少同种机械设备的型号。选用高原型专用工程机械，以提高高原使用工效和耐久性。

（5）由于高原缺氧及低温对油动机械设备和风动设备的影响较大，在条件许可的情况下尽可能用电动机械设备来代替油动机械设备及风动设备是非常必要的。因而研制和开发新一代大量的电动机械设备是十分必要的。

（6）做好设备的统一管理和日常养护工作，建议南水北调西线工程机械效率按80％考虑。

8.4 南水北调西线工程混凝土及坝体填筑施工时段的建议

（1）冬季施工注意问题及混凝土施工时段。通过分析其他高原寒冷地区水利工程冬季施工的实践经验和成功做法，结合西线工程区的气候特点，在作好周密计划安排及各项防冻措施的前提下，南水北调西线工程可根据需要安排部分项目冬季施工。冬季施工需额外增加冬季施工费，冬季施工费用主要考虑人工防寒措施及防寒用品，混凝土防冻材料、防冻外加剂、保温措施，施工设备的防冻措施、防冻油料等。

鉴于工程区的气候和自然条件，建议堆石坝土石方施工时段一般安排在3月中旬至11月中旬，混凝土工程施工时段为4月初至10月底，混凝土面板混凝土浇筑时段安排在汛前的5月、6月，出于混凝土浇筑后强度增长的要求，汛后的9月、10月一般不安排混凝土面板浇筑。当然，混凝土强度能满足要求时，也可安排少量混凝土工程量。

（2）坝体填筑的几点建议。根据南水北调西线工程堆石料特性，正常施工时段可加水10％～25％，冬季施工时则可不加水，采用薄层碾压，厚度小于600mm，振动碾碾压8～10遍。冬季坝体填筑应做到以下几点：

1）开采干燥石料，并直接上坝，不作中间周转。

2）砂石料，应在非冰冻期预开采，并进行中间堆存干燥，以便冬季上坝填筑。

3）冰冻季节填筑施工中，各种坝料内不应有冻块存在，并应采用不加水碾压。为此在碾压试验时要专做不加水碾压试验，以便确定适合冬季填筑的各碾压参数。用增加压实功能的措施可补偿不能加水碾压对密实度的影响。

4）为避免因冬季填筑在坝体内形成冰冻区，需控制冬季填筑高度，高度不应超过15m。

（3）坝体填筑应采取的措施。南水北调西线工程7座大坝均位于海拔3500.00m左右的高原寒冷地区，冬季气温低。由于工程所在地区昼夜温差大，气候多变，即使在3～10月也会出现低温和降雪，坝体填筑应采取如下措施：

1）配置性能可靠、高原环境适应性好，数量充足的工程机械。

2）设置专业护路防滑队伍，保证上坝道路畅通。

3）低温季节采取不加水薄层碾压施工，料场开采、运输、碾压等施工机械化配套程度相对要高，尽可能选用电力驱动机械设备。

4）严格控制夹有冰块的筑坝材料上坝，对已上坝的料物应进行有效防护。

5）坝体填筑面上积雪厚度超过50mm时，应清理后方可进行下一层铺筑。

6）充分研究利用隧洞开挖料进行面板坝填筑的筑坝技术方案。

在寒冷气候条件下，趾板、面板等部位会受冻，弹模强度降低，产生较大的拉应力，从而导致裂缝。为保证趾板、面板施工质量，应采取适当措施，如选择适宜的季节浇筑趾板和面板，低温季节浇筑时应提高混凝土入仓温度，进一步研究提高混凝土低温抗裂和抗冻性能，进一步研究低温养护和保温技术。

8.5 南水北调西线工程面板混凝土采取的防裂措施及裂缝处理

8.5.1 建议采取的防裂措施

（1）坝体填筑完成后进行一定时期的预沉降，沉降所需的时间一般为3～6个月，应以变形观测仪器观测情况而定。

（2）垫层固坡面处理，保护上游坡面免遭冲蚀主要有以下措施：将2B区略微向坝中心倾斜，以阻止源自于趾板和堆石的水流落入上游面，在2B材料和趾板之间修建临时挡墙，挡墙高程间距为10～15m，以迫使各挡墙间的集水落在趾板外，在上游坡面喷涂乳化沥青或喷混凝土。

（3）选择最佳的面板混凝土施工时段；浇筑时段安排在汛前的5月、6月，出于混凝土浇筑后强度增长的要求，汛后的9月、10月一般不安排混凝土面板浇筑。当然，混凝土强度能满足要求时，也可安排少量混凝土工程量。

（4）面板混凝土配合比设计采用抗裂措施，可研究选用纤维混凝土。混凝土掺入量可选择 $0.6～1.5kg/m^3$，掺入聚丙烯纤维一般在 $0.9～1.0kg/m^3$，在施工现场应做掺入量等试验。

（5）在气温降温时，对裸露面板采取必要的覆盖保护措施。

（6）研究针对西线枢纽工程自然条件的混凝土养护方法，施工中严格执行混凝土养护规程。

8.5.2 面板裂缝的处理

针对裂缝产生原因及开裂程度，根据工程实践经验，采取如下不同的方法进行了处理。

（1）对于表面干缩裂缝，采用微膨胀性水泥。

（2）对于宽度0.3mm以下的表面裂缝，根据有关工程经验和规定，不进行处理。

（3）对于0.3～1mm宽度的裂缝，利用SR底胶粘贴玻璃丝布进行防渗处理。

（4）对于缝宽在1mm以上的裂缝，采用凿槽填料的方式进行处理。即先以人工凿出3～5cm深的"V"形缝槽并处理干净，刷SR底胶并嵌填SR－3填料，SR－3填料应骑缝做出面板表面的半圆鼓包，半径5cm，然后再对SR填料外刷SR底胶，并粘贴玻璃丝布进行防护。

8.6　碾压式沥青混凝土心墙冬季施工措施

根据《土石坝碾压式沥青混凝土防渗墙施工规范》（SD 220—87）的要求，当日平均气温在5℃以下的低温季节，沥青混合料不宜施工。但对于寒冷地区，根据施工进度要求，为增加沥青混合料的施工天数，采取适当冬季施工措施，在日平均环境温度－5～5℃仍能进行沥青混凝土的施工，碾压式沥青混凝土心墙冬季施工措施有：

（1）选择环境气温在5℃以上的时段进行沥青混凝土施工。

（2）加强施工管理，使各工序紧密衔接，做到及时拌和、运输、摊铺、碾压，尽量缩短作业时间。

（3）对运输设备和摊铺设备增加保温设施。

（4）严格沥青混合料的初碾和终碾温度，初碾温度一般控制在140～150℃，终碾温度不得低于130℃。

（5）为防止热量散失过快，沥青混合料摊铺后，立即覆盖篷布保温。

8.7　混凝土面板堆石坝挤压式边墙施工新技术

挤压式边墙施工法是巴西依塔混凝土面板坝"依塔法施工"新技术，并在青海公伯峡、清江水布垭、甘肃龙首二级水电站、湖北鹤峰、陕西洞峪、广西南山水库等水利水电工程中使用，均取得很好效果。

（1）施工程序。挤压式边墙施工法是在每填筑一层垫层料之前，用挤压式混凝土边墙机在坝体上游面制作出一个近似于三角形的半透水混凝土边墙，然后在其内侧按设计铺填坝料，用振动碾平面碾压，合格后重复以上工序。由于挤压机的高效工作和混凝土采用适宜的配料，一个工作循环可在短时间内完成，保证坝面均衡平起施工。边墙截面基本为三角形，上下层连接可视为铰接方式，这可使边墙适应垫层区的沉降变形，其下部不易形成空腔进而对面板造成不利影响。公伯峡等工程的实践证明这种断面形式有利于挤压机运行和边墙成形，可满足对垫层料铺填的约束，也符合我国常规填筑工艺的要求。边墙顶宽应限制在12cm以内，过大的顶宽会降低边墙适应变形的能力。

（2）施工要点。

1）选定设计配合比。混凝土坍落度为0，水泥含量一般为70～100kg/m³，低强度，低弹模，半透水。另外选择合适的外加剂甚为重要。

2）拌和运输车运料，使用按相应坝坡制作的边墙挤压机进行施工。通过地面的定位标志线或激光来控制挤压机运行路线。挤压机行进速度一般为40～60m/h。

3）补齐临岸坡部位的边墙缺口。

4）边墙施工之后1～2h，铺设碾压垫层料，垫层料和边墙基本同步上升。

5）浇筑面板前，按要求喷涂乳化沥青。

（3）施工效果。

1）在坡面形成一个规则、坚实的支撑体。垫层区用水平碾取代传统工艺中的斜坡面碾压，此法可提高压实质量，保证密实度。

2）边墙在坡缘的限制作用，使得垫层不需要超填，施工安全性提高。

3）边墙坡面整洁美观。

4）施工设备简化。替代了传统工艺需要的坡面平整、碾压设备或水泥砂浆施工模具等。

5）施工进度加快。

6）对坝体度汛提供了一定的有利条件。

（4）技术特点。

1）上游坡面不再成为关键工序。传统的上游坡面施工引起繁杂的工序而始终处于计划进度的关键路径上，往往成为计划中重点考虑的关键环节。边墙施工一般速度可达 40～60m/h，在混凝土成型 1～2h 即可进行垫层料铺填，两者可同步上升，上游坡面防护一次成型。不进行斜坡碾压及削坡整理。较短的关键路径可以使得工序计划更加灵活，总工期也有望缩短。莱索托谟哈勒（Mohale）水利工程即是考虑到传统方法无法保证进度要求而采用了边墙施工方法，公伯峡工程采用这种工艺，明显缩短了坝体填筑工期，争取了主动。

2）施工安全性提高。挤压边墙施工方法使作业人员大大减少，同时，坝脚部位可安全的进行有关作业。

3）工程量减少。垫层不需要超填，面板混凝土超填现象也可减少。因挤压混凝土具有与垫层料相近的透水性、密实度等特点，垫层水平厚度有望减少。

4）对大型工程尤其对导流标准较高的工程，因其提供了一个可抵御冲刷的上游坡面，从而使得坝体导流、度汛安全性提高，度汛建筑物的规模得以降低。

5）由于边墙的保护，坡面可随时抵御暴雨水流冲刷，面板施工也可以安排在合理时段进行。可延长面板浇筑前的堆石沉降期。

由于该技术没有写进规范，本阶段暂不考虑运用，随着设计阶段的加深，设计方案逐渐成熟，建议该技术运用到西线工程设计和工程施工中去。

参 考 文 献

［1］ 中国水力发电工程学会混凝土面板堆石坝专业委员会. 混凝土面板堆石坝接缝止水规范（DL/T 5115—2001）. 北京：人民邮电出版社，2003.

［2］ 中国水利水电科学院. 碾压式土石坝施工规范（DL/T 5129—2001）. 北京：中国电力出版社，1999.

［3］ 郭庆国. 粗粒土的工程特性及应用. 郑州：黄河水利出版社，1998.

［4］ 全国水利水电工程施工技术信息网. 水利水电工程施工手册（第二卷）. 北京：中国电力出版社，2002.

［5］ 水利部丹江口水利枢纽管理局. 混凝土坝养护修理规程（SL 230—98）. 北京：中国水利水电出版社，1999.

［6］ 金正浩，党连文，等. 寒冷地区混凝土面板坝设计与施工. 北京：中国水利水电出版社，1998.

［7］ 蒋国澄，傅志安，凤家骥. 面板坝工程. 武汉：湖北科学技术出版社，1997.

［8］ 冯辉生. 青藏铁路与工程机电设备. 环境技术，2001（5）：1-11.

［9］ 陈鹏，等. 青藏铁路多年冻土区桥梁混凝土施工温度控制. 铁道工程学报，2003（1）：136-140.

［10］ 郑秀灵，等. 西藏气候，北京：科学出版社，1984.

［11］ 张秋祥，等. 从高寒地区隧道施工谈青藏铁路施工设备配置与管理. 西部矿探工程，2001年增刊：355-357.

［12］ 刘延熙，等. 羊湖电站冬季混凝土施工技术措施. 水利水电技术，1995（1）：36-39.

［13］ 水利电力部水利水电建设总局. 水利水电工程施工组织设计手册（第二卷 施工技术）. 北京：水利电力出版社，1986.

［14］ 劳俭翁，等. 聚丙烯纤维混凝土在白溪水库Ⅱ期面板上的应用. 水利水电技术，2003（2）：40-43.

［15］ 唐林，等. 满拉水利枢纽工程冬季混凝土施工措施. 水利水电技术，2000（12）：32-33.

［16］ 朱纯祥，等. 莲花水电站大坝冬季施工质量、进度控制. 水力发电，1998（10）：17-18.

［17］ 梁润. 施工技术. 北京：水利电力出版社，1985.

［18］ 中华人民共和国水利部. 水利建筑工程预算定额. 郑州：黄河水利出版社，2002.

［19］ 钟秉章，等. 改性聚丙烯纤维混凝土用于堆石坝面板的几个问题. 水利规划设计，2003（4）：43-47.

［20］ 巩护民. 冰岛卡兰佳卡混凝土面板堆石坝. 面板堆石坝工程，2004（2）：35-37.

［21］ 苗树英，白昭鹏. 堆石边坡固坡新技术. 全国岩土与工程学术大会论文集. 北京：人民交通出版社，2003.